高职高专建筑设计专业系列教材

省级重点专业建设成果

建筑装饰史

主　编　　郭莉梅
副主编　　李荣华
参　编　　高　杰　牟　杨　李沁媛

中国轻工业出版社

图书在版编目（CIP）数据

建筑装饰史 / 郭莉梅主编. —北京：中国轻工业出版社，2021.12

高职高专建筑设计专业“十三五”规划教材 省级重点专业建设成果

ISBN 978-7-5184-1074-3

Ⅰ.①建… Ⅱ.①郭… Ⅲ.①建筑装饰－建筑史－世界－高等职业教育－教材 Ⅳ.①TU238-091

中国版本图书馆 CIP 数据核字（2016）第 198078 号

责任编辑：陈 萍

策划编辑：林 媛 陈 萍　　责任终审：张乃柬　　封面设计：锋尚设计

版式设计：宋振全　　责任校对：吴大朋　　责任监印：张 可

出版发行：中国轻工业出版社（北京东长安街 6 号，邮编：100740）

印　　刷：艺堂印刷（天津）有限公司

经　　销：各地新华书店

版　　次：2021 年 12 月第 1 版第 4 次印刷

开　　本：787×1092　1/16　印张：11.75

字　　数：260 千字

书　　号：ISBN 978-7-5184-1074-3　定价：58.00 元

邮购电话：010-65241695

发行电话：010-85119835　传真：85113293

网　　址：http://www.chlip.com.cn

Email：club@chlip.com.cn

如发现图书残缺请与我社邮购联系调换

211420J2C104ZBW

前言

建筑装饰是人类独有的文化特征，它随着社会的进步而发展。对建筑装饰史的研究与学习，可以说等于是从事一项名胜古迹的探索活动，涉及面很广，而且饶有趣味。

本书对建筑装饰的起源、发展变化做了比较全面的叙述，尤其对典型的建筑形制、装饰风格都有着重的讲解，同时还介绍了建筑及室内装饰的材料、技术、方法及相关的家具、陈设和绘画、雕刻、工艺美术等。全书由6个模块组成，模块一为中西方建筑的差异，对比分析了中西方建筑在选材、结构体系、装饰等方面的差异；模块二为古埃及与西亚的建筑装饰，着重叙述古埃及与古西亚的建筑装饰发展史，更重点介绍了一些具有代表性的建筑；模块三为西方古代建筑装饰，主要叙述了西方古代具有代表性的一些地区，从原始时期到19世纪的建筑装饰发展状况，包括原始时期、古希腊、古罗马、封建中世纪、文艺复兴时期、17—19世纪；模块四为中国古代建筑装饰，着重叙述了中国上古至元、明、清时期的建筑装饰情况；模块五为中国民居建筑装饰，主要叙述了具有浓郁中国地区特色的民居建筑装饰发展情况；模块六为近现代建筑装饰，分别叙述了19世纪至今的建筑装饰及室内设计动态。本书注重知识层面，通俗易懂、言简意赅，所选内容富有针对性，所列举的建筑形制与装饰风格具有代表性，图文并茂、生动形象地把学习者带入光辉灿烂的人类文化和艺术发展的历史中。

本书模块一、二、五由郭莉梅编写，模块三由李荣华和李沁媛编写，模块四由牟杨编写，模块六由高杰编写。本书由胡忠义、黄东标主审。宜宾美星设计中心黄东标先生为本书内容编排做出了重要指导。本书可作为建筑装饰工程技术专业的教学用书，也可以作为相关专业的参考书。由于编写时间仓促及水平有限，不足之处在所难免，恳请各位专家学者和广大读者给予指正。全书在编写过程中参考了许多文献资料，未能一一列出，望诸位作者谅解。

编者

2015年1月于宜宾职业技术学院

目录

模块一　中西方建筑差异

情景提示

1. 中西方建筑的材料。
2. 中西方建筑装饰色彩。
3. 中国古代建筑思想观念。
4. 中西方建筑美学价值的差异。

本章导读

建筑不仅具有实用价值，还是人们遮风避雨、抵御烈日冰雪的必要生活设施，同时又具有很强的社会文化价值。近年来，随着经济全球化和文化交流的频繁，人们越来越多地发现，中国建筑和西方建筑在建筑风格上存在很大差异。造成差异的原因除了地域和环境差异之外，还有民族性格、价值观念、群体心态、伦理思想、道德标准、宗教感情等因素。

中国建筑被儒教思想影响了两千多年，因此中国建筑风格在不同历史时期递延变迁的痕迹微乎其微。而西方建筑经历了风格迥异的不同历史时期，在每一发展阶段的特征显著。中国建筑体系是以木结构为特色的独立的建筑艺术，在城市规划、建筑组群、单体建筑以及材料、结构等方面的艺术处理均取得了辉煌的成就，而传统的西方建筑以石材为主体，以巨大的体量和尺度来强调建筑艺术的永恒与崇高。

教学要求

①掌握中国古代建筑的结构体系；②掌握西方古代建筑的结构体系；③掌握中西方建筑文化差异。

1.1　中西方建筑的总体差异

中西方建筑艺术的差异首先来自于材料的不同，传统的西方建筑以石材为主体，而中国古代建筑则以木为构架。建筑材料的不同，为各自的建筑艺术提供了不同的可能性。

建筑材料的不同，体现了中西方物质文化、哲学理念的差异。从建筑材料来看，在现代建筑未产生之前，世界上所有已经发展成熟的建筑体系中，包括属于东方建筑的印度建筑在内，基本上都是以砖石为主要建筑材料来营造的，属于砖石结构系统。诸如埃及的金字塔，古希腊的神庙，古罗马的斗兽场、输水道，中世纪欧洲的教堂……无一不是用石材筑成，无一不是这部“石头史书”留下的历史见证。唯有我国以及邻近的日本、朝鲜等地区的古典建筑以木材做主要构架，属于木结构系统，因而被誉为“木头的史书”。中西方的建筑对于材料的选择，除自然因素不同外，更重要的是不同文化、不同理念造就的结果，是不同心性在建筑中的普遍反映。西方以狩猎方式为主的原始经济，造就出重物的原始心态。从西方人对石材的肯定，可以看出西方人求智求真的理性精神，在人与自然的关系中强调人是世界的主人，人的力量和智慧能够战胜一切。而中国以原始农业为主的经济方式，造就了原始文明中重选择、重采集、重储存的活动方式，由此衍生发展起来的中国传统哲学，所宣扬的是“天人合一”的宇宙观。“天人合一”是对人与自然关系的揭示，自然与人乃息息相通的整体，人是自然界的一个环节。中国人将木材选作基本建材，正是重视了它与生命的亲和关系，重视了它的性状与人生关系的结果。

1.2　中国古代建筑的总体特点

中国的建筑艺术源远流长。不同地域和民族其建筑艺术风格等各有差异，但在传统建筑的组群布局、空间、结构、建筑材料及装饰艺术等方面却有着共同的特点。

1.2.1　结构形式

中国古建筑以木材、砖瓦为主要建筑材料，以木构架为主要的结构方式。此结构方式由立柱、横梁、顺檩等主要构件建造而成，各个构件之间的结点以榫卯相吻合，构成富有弹性的框架。木构架体系是中国古建筑的主体。该体系的形成经历了原始社会、奴隶社会、封建社会，在汉代基本形成，到唐代已达到成熟阶段。

中国古代构架木结构主要有三种形式：抬梁式、穿斗式、井干式。

抬梁式又称叠梁式，是中国古建筑木构架主要形式，如图1-1所示，是在柱上抬梁，梁上安短柱，柱上又抬梁的结构方式，所以称为“抬梁式”。其特点是使建筑面阔和进深加大，满足扩大的要求。宫殿、坛庙、寺院等大型建筑物中常采用这种结构方式。

穿斗式构架以柱直接承檩，没有梁，原作穿兜架，后简化为“穿逗架”和“穿斗架”，如图1-2所示。其特点是便于施工，最能抗震，但较难建成大开间。多用于民居和较小的建筑物。

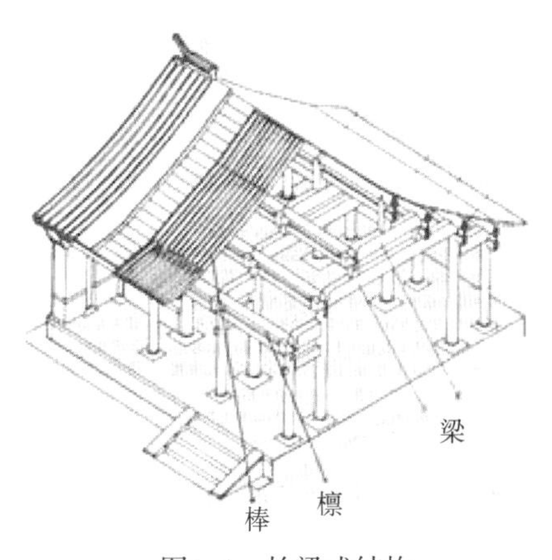

图1-1　抬梁式结构

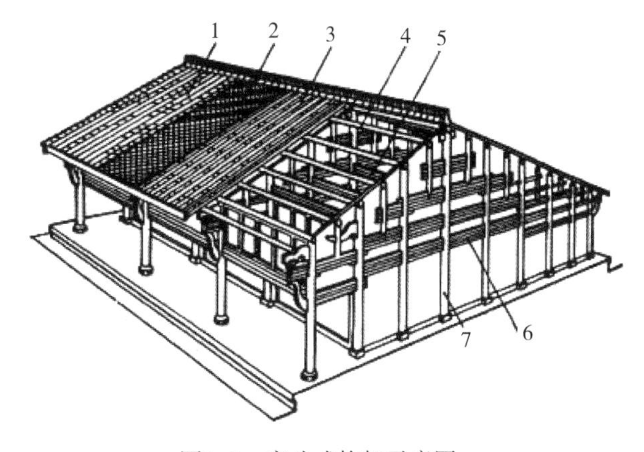

图1-2　穿斗式构架示意图

1-瓦　2-竹编织物　3-椽　4-檩　5-斗坊　6-穿坊　7-柱

井干式是用以圆木或方材交叉堆叠而成结构如“井”字形，因其所围成的空间似井而得名。这种结构比较原始简单，现在除少数森林地区外已很少使用。

木构架结构有很多优点。首先，承重与围护结构分工明确，屋顶重量由木构架来承担，外墙起遮挡阳光、隔热防寒的作用，内墙起分割室内空间的作用。由于墙壁不承重，这种结构赋予建筑物极大的灵活性。其次，有利于防震、抗震，木构架结构类似今天的框架结构，由于木材具有的特性，以及所用斗拱和榫卯构架都有伸缩余地，因此在一定限度内可减少地震对这种构架的损害。“墙倒屋不塌”形象地表达了这种结构的特点。

除此之外，木结构使中国古代建筑造型更加优美，屋顶形式丰富多彩，屋脊装饰多样。主要有庑殿、歇山、悬山、硬山、攒尖、卷棚等形式。

无论庑殿顶还是歇山顶，都是大屋顶，显得稳重协调。屋顶中直线和曲线巧妙地组合，形成向上微翘的飞檐，不但扩大了采光面，有利于排泄雨水，而且增添了建筑物的美感。

1.2.2 建筑装饰

中国古代建筑装饰的特点：利用建筑材料的本色美和人工色彩相结合的手法，将绘画、雕刻、工艺美术的不同内容和工艺应用到建筑装饰中。

彩绘具有装饰、标志、保护、象征等多方面的作用。油漆颜料中含有铜，不仅可以防潮、防风化剥蚀，而且还可以防虫蚁。色彩的使用是有限制的，明清时期规定朱、黄为至尊至贵之色。彩画多出现于内外檐的梁枋、斗拱及室内天花、藻井和柱头上，构图与构件形状密切结合，绘制精巧，色彩丰富。明清的梁枋彩画最为瞩目。清代彩画可分为三类，即和玺彩画、旋子彩画和苏式彩画。

雕饰是中国古建筑艺术的重要组成部分，包括墙壁上的砖雕、台基石栏杆上的石雕、金银铜铁等建筑饰物。雕饰的题材内容十分丰富，有动植物花纹、人物形象、戏剧场面及历史传说故事等。北京故宫保和殿台基上的一块陛石，雕刻着精美的龙凤花纹，重达200t。在古建筑的室内外还有许多雕刻艺术品，包括寺庙内的佛像、陵墓前的石人、石兽等。

建筑色彩在中国建筑文化中也是一种象征“符号”。比如，明清皇家建筑，其基本色调突出黄、红两色，黄瓦红墙成为基本特征，而且黄瓦只有皇家建筑或帝王敕建的建筑才能使用。

1.2.3 建筑思想观念

中国古代建筑在建筑与环境的融合方面有很高成就，有许多精辟的理论与成功的经验。封建等级观念极为明确；家族伦理观对民居建筑影响广泛，以及考虑风水之学。

古人不仅考虑建筑物内部环境主次之间、相互之间的配合与协调，而且也注意到它们与周围环境的协调。中国古代建筑设计师和工匠们，在进行规划设计和施工的时候，都十分注意周围的环境，对周围的山川形势、地理特点、气候条件、林木植被等，都要认真进行调查研究，使建筑的布局、形式、色调、体量等与周围的环境相适应。

在中国古代，神权从来都是依附、从属于皇权的。这就决定了中国历代建筑是人的居所，而非神的居所。即使是后来的宗教建筑也是这样。非神性是中国传统文化的基础，也是其核心之一。

历来中国人都非常注重把人和现实生活寄托于理想的现实世界。中国传统建筑考虑“人”在其中的感受，更重于“物”本身的自我表现。这种人文主义的创作方法有着深厚的文化渊源。例如，在建筑材料上，中国传统建筑用木材，不追求其永久性，是非永恒的思想，是由中国文化基础中非永恒观决定的。而在西方，那里是石头的史诗，追求建筑的永久性。

在建筑体量上，中国建筑以人体尺度为原则。建筑高度和空间都控制在适合人居住的尺度范围内，具有初级的人体尺度思想，即使是皇宫、寺庙也不能造得太大。

造型上中国建筑讲究平和自然的美学原则，平稳，注重水平线条。即使是向上发展的塔也加上了水平线条，与中国的楼阁建筑相结合。在园林中，建筑是凝固了的中国绘画和文学，它以意境为创作核心，使园林建筑空间富有诗情画意。

1.3　西方古代建筑的总体特点

西方古代建筑是指从古希腊到英国工业革命前的建筑。西方建筑以石头为主体。西方建筑经历了风格迥异的不同历史时期，在其每一发展阶段的特征显著。主要有古希腊建筑、古罗马建筑、拜占庭建筑风格、巴洛克建筑风格、洛可可建筑风格。古希腊建筑奠定了西方文化中理性特质的基础，雕刻达到了空前的辉煌，脱离以神和王权为主题的表达；古罗马建筑吸取希腊人的精髓，产生了实用主义以及现世享乐主义；哥特式建筑是封建中世纪最辉煌与最伟大的成就，从内容到形式都具有很高的价值，尤其是建筑工程技术和装饰手法都达到了惊人的高度；巴洛克风格倾向于豪华、浮夸。常用不对称的构图、不规则的曲线，强调动感；文艺复兴时期的洛可可式建筑风格特点是使用纤细、轻巧、华丽、烦琐的装饰，喜用C型、S型或螺旋形的曲线和轻淡柔和的色彩。

复习思考题

1. 简述中国古代建筑装饰的特点。
2. 简述中国古代建筑思想观念。

模块二　古埃及与西亚

情景提示

1. 古代埃及建筑有哪些独特性？
2. 古埃及建筑装饰在世界建筑特征形成过程中起到哪些至关重要的作用？
3. 古西亚建筑有哪些独特性？
4. 古西亚建筑装饰在世界建筑特征形成过程中起到哪些至关重要的作用？

本章导读

古代的尼罗河流域（The Nile Valley）是人类文明的重要发源地，被称为四大文明古国之一的埃及就位于狭长的尼罗河谷地。埃及东西横亘着沙漠，北临地中海，南依荒凉的高地。古代的埃及人创造了人类最早的第一流的建筑艺术以及和建筑物相适应的室内装饰艺术，早在公元前3000年，他们就会以正投影绘制建筑物的立面图和平面图，会画总图及剖面图，同时也会使用比例尺。

公元前3000年左右，上埃及征服下埃及，建立了埃及历史上第一王朝，但直至第二王朝，埃及才真正实现统一。一直到公元前332年希腊马其顿王亚历山大征服了埃及，古埃及的历史宣告结束。这段历史被称为王朝时代。埃及的建筑及室内装饰史的形成和发展同文化史一样，大致可分为下列几个时期：

第三王朝到第六王朝的古王国时期、第十一王朝到第十二王朝的中王国时期、第十八王朝到二十王朝的新王国时期。

古西亚建筑是指由幼发拉底河和底格里斯河所孕育的美索不达米亚平原的建筑，在建筑艺术史上，他们为自己的神建立了雄伟的神庙与宫殿。如位于乌尔的观星台，著名的萨尔贡王宫、波斯波利斯王宫、空中花园等。古西亚的建筑成就还在于创造了以土为基础原料的结构体系和装饰手法，发明了用沥青作为黏结材料，发展了券、拱和穹隆结构，创造了用来保护和装饰墙面的面砖和彩色琉璃砖。这些建筑的材料、构造和造型艺术有机结合的成就，对拜占庭和伊斯兰建筑产生很大的影响。

教学要求

①掌握古埃及建筑造型特点；②了解古埃及民居建筑起源和建筑装饰特征；③掌握古西亚建筑造型特点；④掌握古西亚建筑券、拱和穹隆结构；⑤了解古西亚民居建筑起源和建筑装饰特征。

2.1　古埃及建筑装饰

2.1.1　古埃及建筑基本情况

由于尼罗河的两岸缺少优质的木材，因此，早期是以棕榈木、芦草、纸草、黏土和土坯建造房屋的土、木结构。到了王朝时期，向石材发展。由于气候炎热，为了防热，建筑的墙壁和屋顶都做得很厚，并且往上向内倾斜，窗洞也开得小而少。上流阶层的住宅有高大的围墙，设有小神殿、庭院、住宅，装饰技术和加工技术已相当成熟；平民住宅则以土、芦苇建成，无间隔、窗户。古埃及建筑主要分为古王国、中王国、新王国3个时期。古王国时期的建筑以金字塔为代表；中王国时期的建筑以石窟陵墓为代表；新王国时期的建筑以神庙为代表。

古王国时期主要是皇陵建筑，即举世闻明的、规模雄伟的、形式简单朴拙的金字塔。早期的金字塔外形像一个巨大的长方形石凳，阿拉伯人称其为“玛斯塔巴”（Mastabat），即板凳的意思，如图2-1所示，后来更向上层层递减成为阶梯形。尽管金字塔建筑内部结构也相当的复杂，但所有设计都是出于陵墓的功能需要。哈夫拉（Kheti）金字塔祭庙至今还比较完整地保存着。祭庙内有许多殿堂，供祭祀用。庙宇的门厅距金字塔较远，是长达数百米的狭直幽暗的甬道，给人深奥莫测之感。甬道的尽头是塞满方形柱子的大厅，巨大的横梁与柱子垂直对接，坚实而有力。大厅后面是几个露天院子。整个空间在进行的过程中所造成的空间的狭窄和阔朗，黑暗与明亮的对比说法运用的十分成功，给建筑本身增加了不少神秘气氛。

图2-1 玛斯塔巴

这一时期神庙建筑的发展相对缓慢，其建筑材料在早期是以通过太阳晒制的土砖与木材为主，后来也逐渐出现了一些石结构，如第三代法老的神庙建筑。一个由柱厅，柱廊，内室和外室等部分建筑单元组成的建筑群。室内的墙壁满贴花岗石板，柱式的形式比较多，既有简单朴素的方形柱，也有结实精练的圆形柱，还有一种类似捆扎在一起芦苇状的外凸沟槽柱，柱式的发明和使用是古王国时期建筑设计中最伟大的功绩。

中王国时期，首都迁到古埃及的底比斯（Thebes），峡谷窄狭，两侧悬崖峭壁。在这里，金字塔的艺术构思完全不适合了。开始仿效当地贵族的传统，大多在山岩上凿石窟作为陵墓。于是，就利用原始拜物教中的山岩崇拜来神化皇帝。

随着政治中心由尼罗河下游转到上游，出现了背靠悬崖峭壁的石窟，成为中王国时期主要的建筑形式。其中浮雕和圆雕也随之得到了发展。

在这种情况下，陵墓的新格局是：祭祀的厅堂成了陵墓建筑的主体，扩展为规模宏大的祀庙。它造在悬崖之前，按纵深系列布局，最后一进是凿在悬崖里的石窟，作为圣堂。整个悬崖被巧妙地组织到陵墓的外部形象中来，它们起着金字塔起过的作用。

到了新王国时期，太阳神庙代替陵墓成为皇帝崇拜的纪念性建筑物，占了最重要的地位。

庙宇有两个艺术重点：一个是大门，群众性的宗教仪式在它前面举行，力求富丽堂皇，和宗教仪式的戏剧性相适应。另一个是大殿内部，皇帝在这里接受少数人的朝拜，力求幽暗而威压，和仪典的神秘性相适应。

门的样式是一对高大的梯形石墙夹着不大的门道。为了加强门道对石墙的体积的反衬作用，门道上檐部的高度比石墙上的大得多。石墙上满布着彩色的浮雕，圆雕也着彩色。这大门的景象是喧闹的、热烈的，皇帝在这里被一套套仪式崇奉为“泽被万物的恩主”。

古埃及崇拜太阳的纪念碑（方尖碑），常成对竖立在神庙的入口处。其断面呈正方形，上小下大，顶部为金字塔形，常镀合金。高度不等，已知最高者达50余米，一般高宽比为9 ~ 10：1，用整块的花岗岩制成，碑身刻有象形文字的阴刻图案。

新王国时期，统治者们经常把大量财富和奴隶送给神庙，祭司们成了最富有，最有势力的奴隶主贵族。神庙遍及全国，底比斯一带神庙络绎相望，其中规模最大的是卡纳克阿蒙神庙。卡纳克神庙始建于中王国时期，新王国第十八至二十王朝进行扩建。总长336m，宽110m。前后一共造了六道大门，而以第一道为最高大，它高43.5m，宽113m。主神殿是一柱子林立的柱厅，宽103m，进深52m，面积达5000m^2，内有16列共134根高大的石柱，如图2-2所示。其中，中间两排12根柱高21m，直径约5m，支撑着当中的平屋顶，两旁柱子较矮，高13m，直径约3m。殿内石柱如林，仅以中部与两旁屋面高差形成的高侧窗采光，光线阴暗，形成了法老所需要的“王权神化”的神秘压抑的气氛 。

在卡纳克神庙的周围有孔斯神庙和其他小神庙，宗教仪式从卡纳克神庙开始，到鲁克索神庙结束。二者之间有一条1km长的石板大道，两侧密排着圣羊像，如图2-3所示。路面夹杂着一些包着金箔或银箔的石板，闪闪发光。一些巨大的形象震撼人心，精神在物质的重量下感到压抑，而这些压抑之感正是崇拜的起始点，这也就是卡纳克神庙艺术构思的基点。

图2-2　卡纳克神庙多柱大厅

图2-3　狮身公羊头像

埃及的阿布辛贝尔神庙真正称得上是伟大的世界奇迹，如图2-4所示。令人惊叹的不仅在于如此宏伟的建筑是在没有任何机械帮助的条件下建造而成的，而且还在于它的湮没、发现和搬迁的整个过程。两座神庙竖立在尼罗西岸，由山崖石壁中雕琢出来。神庙建于公元前1290年至公元前1224年埃及法老拉美西斯二世在位的时期。最大的一座神庙伸进山崖55m，附近除拉美西斯的妻子尼菲拉丽较小的神庙外，有6尊挺立的雕像，其中4尊是拉美西斯，2尊是尼菲拉丽，每尊都高达10m。

图2-4 阿布辛贝尔神庙

神庙内有精心雕刻出的一尊尊雕像，墙壁和天顶上饰有色彩鲜明的浮雕图案。1813年神庙还无人知晓，因为它们被埋在沙里。1817年神庙被发掘出来，此后便一直是旅游者向往的胜地。阿布辛贝尔主庙由4尊高20m的埃及法老拉美西斯二世的雕像护卫着。

令人难以置信的是这两座巨大的神庙在1965—1969年被搬迁了，因为建造阿斯旺高坝而形成的纳赛尔湖将淹没神庙。当时抢时间将石体建筑的神庙编号切成1000多块，然后小心翼翼地将它搬运到更高的地方。在那里，这些石块按原样重新拼装，就像幅巨大的七巧板，只是这次借助了机器的帮忙。

2.1.2 古埃及造型艺术

埃及艺术特点：建筑体量巨大，宏伟壮观，具有强烈的崇高感；雕刻朴素写实，整体性强，有观念化、概念化和程式化的倾向；绘画线条流畅优美，色彩丰富。在埃及社会中最令人惊异的是一切都近于一成不变，艺术风格也相当稳定。因为埃及法老拥有无上的权威，使古代埃及形成一个封闭的具有稳定结构的社会。在这样的社会中，艺术主要服务于统治者，艺术个性和创造精神被窒息了。另一方面，为显示法老的权威，同时让法老有永远享乐之地，埃及人修建了大量的金字塔，雕刻了无数巨像。它们都显示出永恒纪念性，使我们今天一看到这些金字塔和石雕就联想到了埃及的古老历史。

浮雕和壁画共同的程式：正面律，表现为人物头部为正侧面，身体的上段及双肩为正面，而腿和脚可以是侧面的；横带状排列结构，用水平线划分；根据人物的尊卑安排比例大小和构图位置；填塞法，画面充实，不留空白；固定的色彩程式，男子皮肤为褐色，女子为浅褐或淡黄，头发为蓝黑，眼圈为黑色。古埃及壁画及人物形象如图2-5和图2-6所示。

图2-5　古埃及壁画人物形象

图2-6　古埃及壁画

雕塑的程式：姿势必须保持直立，双臂紧靠躯干，正面直对观众；根据人物尊卑决定比例大小；人物着重刻画头部，其他部位非常简略；面部轮廓写实，有理想化修饰，表情庄严，几乎没有表情；雕塑着色，眼圈描黑，有的眼球用石英材料镶嵌，以达到逼真的效果。

2.1.3　古埃及装饰风格

古埃及装饰风格简约、雄浑，以石材为主，柱式是其风格的标志，柱头如绽放的纸草花，柱身挺拔巍峨，中间有线式凹槽、象形文字、浮雕等，下面有柱础盘，地面常用光滑的花岗岩，如图2-7和图2-8所示。

古埃及各式雕塑之中，以神庙建筑中最常用的巨大柱子为代表。柱子上已经开始进行雕刻装饰，这表明支撑建筑的柱子开始受到人们的重视，柱式也开始了最初的发展。各种常见的植物图案不仅成为装饰柱子的图案，还成为区别不同柱式的标志。古埃及的柱子形式各式各样，很有特色。题材取自人们生活中常见的植物，如芦苇、纸草、棕榈等，并加以艺术处理，将结构和装饰较好地结合起来。

古埃及已使用椅子，一般无靠背。第三王朝时期已有了十分精致的床、椅和宝石箱等家具。造型严谨工整，脚部采用模仿牛蹄、狮爪等兽腿形式的雕刻装饰。家具表面经过油漆和彩绘，纹样以植物和几何图案为主。用料多为硬木，座面用皮革和亚麻绳等材料，结构方式有燕尾榫和竹钉。

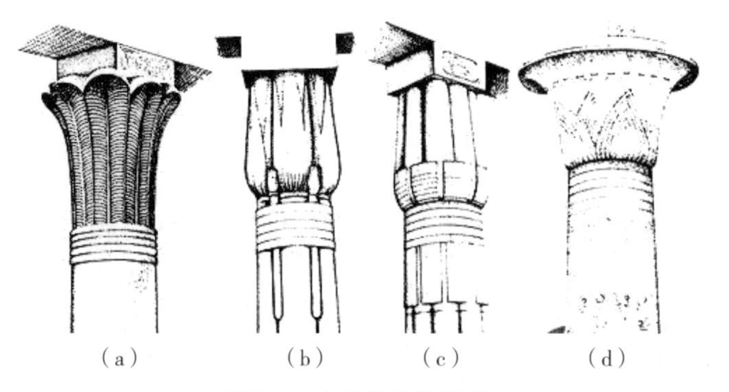

图2-7 古埃及柱头样式
(a)棕榈式 (b)圆柱：莲花(蕾)式 (c)纸莎草式 (d)钟形(盛开莲花式)

图2-8 古埃及柱式

2.2 古西亚建筑装饰

这里指的西亚地区，包括幼发拉底河与底格里斯河所夹的两河流域和伊朗高原。两河流域又称美索不达米亚，也是人类文化发祥地之一。从公元前4000年开始，苏美尔人在两河下游建立了一些奴隶制国家，有过一些宗教和宫殿建筑。从公元前18世纪中到公元前6世纪中，这里先后建立过巴比伦王国、亚述帝国和新巴比伦王国。公元前6世纪中以后，这里又成为强大的波斯帝国的一部分。波斯以伊朗高原为中心、西至埃及和地中海东岸、东接古代印度。

西亚地区不像埃及那样闭塞，同周围有较多文化交流，建筑的类型和形式也较为多样，风格明快开朗，建筑装饰手法更为丰富多彩，具有较强的世俗性，与古埃及那种神秘、威压的建筑风格恰成对照。这里既少木材又没有多少石头，从很早起人们就发明了夯土、土坯晒制的土砖或烧砖建造房屋，发明用沥青作为黏结材料，创造了穹隆与券拱结构。这确实具有很大的意义，以后，从罗马人开始，这种结构方法被发展了，并被各时代继承下来，近代以前，一直都是欧洲石头建筑的主要结构形式。公元7世纪以后，又被伊斯兰教建筑所继承。除此之外，西亚人还创造了用来保护和装饰墙面的面砖和彩色玻璃，对后来的拜占庭建筑和伊斯兰建筑影响很大，也被伊斯兰建筑继承，甚至中国建筑的琉璃技术也受到过它的影响。因此，古西亚在建筑装饰方面不仅影响到东方，还影响到西方。

苏美尔人的建筑以大量的观象台（又称山岳台）为代表，如图2-9所示。当时居住在这里的人认为山岳支承着天地，山里蕴藏着生命的源泉，雨从山里来，山水注满了河流，天上的神也住在山里，山是人与神之间的交通道路，于是建起了巨大的类似于古埃及台阶形金字塔的祭祀高台，来表示他们对山岳的崇拜。

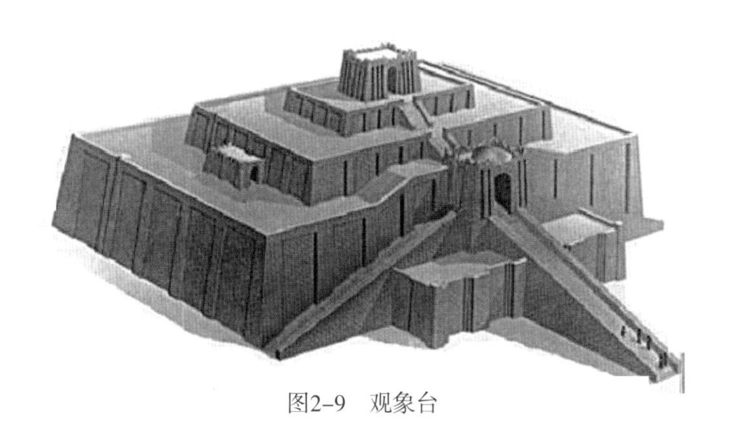

图2-9 观象台

乌尔观象台约建于公元前2125年，在伊拉克乌尔城中心一个6m高的台地上，由城墙围合的主广场、观象台和附属的商业广场组成，实际是包括庙宇、仓库、商场等在内的一个社会活动中心。观象台紧靠主广场西南端，前临开阔的空间，台体四层，总高约21m，第一层基底面积65m×45m，高9.75m，台前设置了三条巨大的坡道，一条垂直于正面，两条贴着正面，在三条坡道交汇处是一座有三个券洞的大门，通过大门即到达台的第一层台面。第二层收进很大，基底面积37m×23m，高4.5m。第三、第四层更成倍缩小，每一层都有一圈环绕上一层台的宽大台面。台顶有一座山神庙，从台底地面算起，总高21m。观象台主要用夯土筑成，表面砌筑了厚达2.4m的砖层，砌体的每个侧面内倾，同时每侧又砌有外凸的扶壁，总体形象极为稳定，气势宏大。

观象台直到亚述和新巴比伦时期仍有建造，有的高达七层，双坡道，盘旋各层台壁而上。甚至在晚到八、九世纪建造的伊斯兰宣礼塔中，仍可以看到它的影子。

在亚述建筑中，人们可以看到更多的装饰手法，如建于公元前8世纪末的亚述萨尔贡皇帝的宫殿，其宫门就是很典型的作品。宫殿紧接方城西墙，下有高达18m，边长300m的方台，方台一半突出城外。登台后，峙立着作为正门的东门，中为圆券门道，上有与宫墙等高的门墙；门道两侧夹立左右堡墙，平面突出向外，高度也凸出于宫墙。墙上都有雉堞。门墙和堡墙下部3m贴石板墙裙，墙裙转角处雕刻人面牛身双翼神兽。从正面看来两条前腿并列，侧面看来有一条前腿向后，形象完整，却有五条牛腿。雉堞与墙裙之间满贴彩色琉璃面砖，光彩夺目。

新巴比伦王国时期的新巴比伦城也有类似的城门构图，如图2-10所示，同样贴砌彩色琉璃面砖，文献记载城内还有著名的空中花园，如图2-11所示，是在层层平屋顶上进行绿化。

图2-10　新巴比伦城门

图2-11　空中花园

公元前6世纪末开始建造的波斯帕赛玻里斯宫，可以作为波斯帝国强盛与富有的真实记录。

庞大的宫殿坐落在一座450m×300m的靠山台地上，入口设在西北角。门前台阶两侧墙上镂刻连续浮雕，内容表现属国岁岁朝贡的真实图景。门道内侧雕刻皇帝大流士的坐像，像是正在接受朝贡队列的礼拜。入门向东再南行，迎面是东西两座正方形的接待大厅。西大厅的四角各有一座塔楼，塔楼之间是两跨进深的柱廊，围绕着中央厅堂，西侧的柱廊是面向西面的检阅台，俯临着平台下的广阔原野。东大厅又号“百柱厅”，里面有10排柱子，每排10棵，共100棵。这两座接待大厅的内柱比例修长，柱间距很宽，空间较为开敞，很好满足了朝觐的功能要求。两座大厅的南面是后宫、财库和附属建筑。

帕赛玻里斯宫是一组风格华丽的宫殿，墙虽然是土坯砌造的，但表面都贴上了黑白两色大理石或彩色琉璃砖，琉璃砖上还装饰有浮雕。大厅内部布满色彩鲜艳的壁画。柱子更是华贵异常，柱头上雕刻着覆钟、仰钵、涡卷和一对雄牛。柱础是覆钵形，刻着花瓣，柱身上刻着凹槽，极尽精巧。在帕赛玻里斯宫殿里没有埃及神庙那种神秘、压抑的气氛，一切都在夸耀着皇帝的豪华和奢侈，这是因为在游牧民族的波斯人看来，皇帝和帝国的权威不是靠宗教来建立，而由拥有的财富来衡量。

古西亚的富人住宅多为用砖造的长方形建筑，外壁无窗户，仅一个入口，中央大厅挑空以采光。家具的脚架上饰有盘旋状花纹。

古波斯只存在了两百多年，公元前4世纪，马其顿王远征印度路过这里，发现这里已变成为一片废墟。曾经灿烂过的古西亚文明，就这样湮灭在沙漠之中了，夕阳下，只留下一些断墙残垣。罗马帝国崛起以后，西亚和埃及一样，都成了罗马人的殖民地，文化也随之罗马化了。

本章小结

古埃及文化是世界最古老的文化，起源于距今5000多年以前，比欧洲人当时了解的希腊、罗马要更早得多。埃及的建筑也是人类最古老的建筑，以金字塔为代表。古埃及时期主要建筑特点及成就：①以石材为建筑材料，采用梁柱结构；②遵循因地制宜的原则；③建筑与装饰融合在一起，建筑构件表面总是布满雕刻；④成功的纪念性建筑设计：建筑布局沿中轴线做纵深序列，对称布置，大规模、大尺度、稳定的几何形体。

古西亚建筑特点：主要建筑材料——土坯砖，创造了以土作为原料的结构体系、装饰手法。建筑主题内容：波斯帝国之前庙宇与世俗建筑并重，之后世俗建筑（宫殿）为主题，风格奢华。建筑分区：区分明确，重视院落。空间序列：相对自由，无明显轴向空间。结构：主要建筑材料为土坯，重要建筑设置石柱。高台建筑：重要建筑设置高台。

建筑实例：萨肯王宫（亚述帝国，公元前900年）伊什达城门、空中花园（新巴比伦王国，公元前625年）帕赛玻里斯（波斯帝国，公元前539年）。山岳台：（或星象台）崇拜山岳和天体、观测形象的多层塔式建筑物。特征：由土坯或夯土砌筑，自下而上逐层缩小，有坡道或者阶梯逐层通达台顶，顶上有一个不大的神堂，坡道或阶梯有正对着高台立面的，有沿正面左右分开上去的，也有螺旋式的。

复习思考题

1. 简述古埃及住宅的特点。
2. 简述古埃及家具的特征，并设计一把具有古埃及风格的椅子。
3. 简述古西亚住宅的特点。
4. 举例说明古西亚建筑的突出成就。

模块三　西方古代建筑装饰

情景提示

1. 建筑是因人类什么需要产生的?
2. 建筑是随着什么的发展而发展的?
3. 原始社会建筑形式是怎么形成的?
4. 古罗马建筑发展的典型案例有哪些?
5. 古希腊建筑精髓的古典柱式有哪些?
6. 中世纪建筑发展的方向有哪些?

本章导读

古典建筑有两种含义，广义上是指工业革命以前以建筑外立面形式为主要设计出发点的建筑。狭义上是指古希腊和古罗马时期的以柱式为主要设计出发点的建筑，和以后的其他建筑样式相区别。古代西方文化是从地中海沿岸产生的，古希腊是西方文化的摇篮，同样是西方建筑的开拓者。古希腊建筑精髓之处在于古典柱式，多立克，爱奥尼，科林斯柱式为西方古典柱式奠定了基础。希腊和罗马人是同属印欧种族，深深地影响了西方建筑的发展。

文艺复兴建筑最明显的特征是扬弃中世纪时期的哥特式建筑风格，重新采用古希腊、罗马时期的柱式构图要素，因为古典柱式构图体现着和谐和理性，并且同人体美有相通之处。

教学要求

①掌握原始时期的建筑起源与发展，典型建筑案例；②掌握古罗马建筑发展的典型案例中建筑装饰的应用；③掌握古希腊建筑发展的典型案例中建筑装饰的应用；④掌握中世纪建筑发展的典型案例中建筑装饰的应用；⑤掌握文艺复兴时期的建筑特点；⑥掌握文艺复兴初期、盛期、晚期的典型建筑；⑦掌握文艺复兴时期的家具装饰特点。

3.1 原始时期的建筑装饰

原始社会是人类社会发展的第一个阶段。原始人为了自身的生存必须与自然界作斗争，在斗争过程中，促进了生产与社会的发展，同时创造了原始人的建筑。

原始人最初或栖居于树上，如巢居，或住在天然的洞穴里。不断的斗争使劳动工具进化了，原始人的文化也从蒙昧时期进入野蛮时期；在建筑中逐渐出现了人工的竖穴居与地面的居所，如蜂巢形石屋、圆形树枝棚、帐篷以及长方形的房屋。随着原始人的定居，开始有了村落的雏形。它们的布局常呈环形。在湖沼地区并出现了水上村落，湖居。据考察，当时已有相当水平的梁柱结构与造桥技术。

这时期还出现了不少宗教性与纪念性的巨石建筑，如崇拜太阳的整石柱（Monolith）、列石（Alignment）、石环（Stonehenge，或译石栏、石阵）以及埋葬死者的石台（Doknen）。某些地区已有了椭圆形平面的庙宇。

建筑从诞生之日就孕育着艺术装饰的萌芽。在原始人居住过的山洞中发现有涂抹了鲜艳色彩的壁画，有些地方还有雕刻。

3.1.1 原始社会建筑的起源与发展

原始人为了自身的生存必须与自然界作斗争，在斗争过程中，创造了原始人建筑。这其中经历了一个发展过程。初期，原始人最初或栖居于树上，后发展为穴居和半穴居（图3-1），或住在天然洞穴（图3-2）。随着生产力发展，建筑中逐渐出现了人工竖穴居与地面建筑，如圆形树枝棚（图3-3）、印第安人的帐篷（图3-4）、苏格兰的刘易斯新石器时代遗址（图3-5）、马来西亚半岛的巢居（图3-6），也出现了一些湖居，例如瑞士纳沙泰尔湖的湖居（图3-7）、底格里斯河流域的苇草小屋（图3-8）、美国新墨西哥州陶斯地区的土坯建筑（图3-9）。

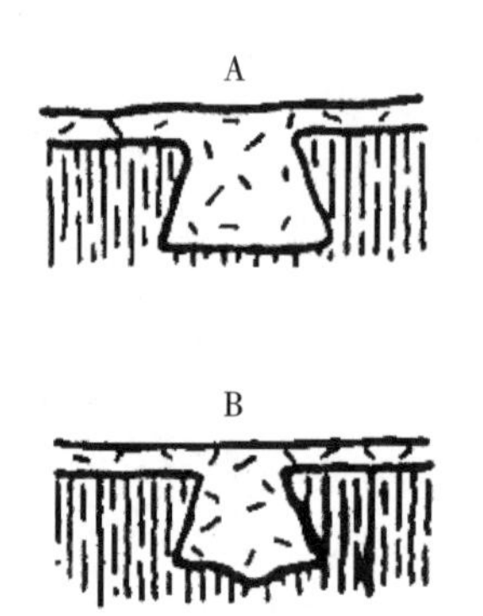

图3-1 法国阿尔塞斯（Alsace）竖穴的两种剖面

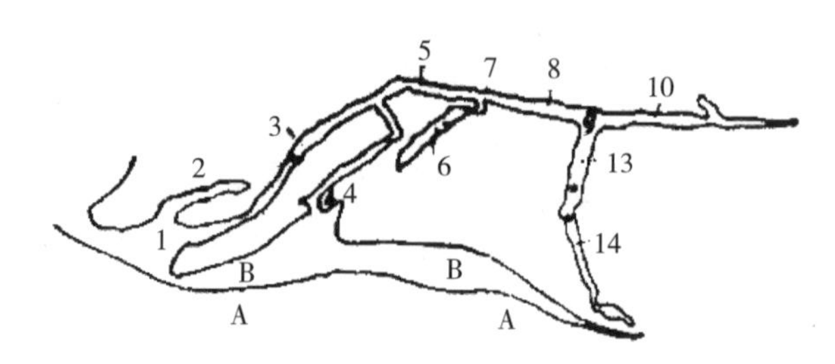

图3-2 法国封德哥姆洞平面

图3-3 圆形树枝棚

图3-4 印第安人的帐篷

图3-5 苏格兰的刘易斯新石器时代遗址

图3-6 马来西亚半岛的巢居

图3-7　瑞士纳沙泰尔湖的湖居复原图

图3-8　底格里斯河流域的苇草小屋（伊拉克）

图3-9　美国新墨西哥州陶斯地区的土坯建筑

3.1.2　原始社会的一些遗迹

经过考古工作者根据考证所得还原了原始社会的一些遗迹样貌，如德国的汉诺威（图3-10）、在石台上堆了土的坟墓（图3-11）、整石柱（Monolith）（图3-12）。还有更多具有代表性的遗迹，甚至不少遗迹现在我们还能见到。

图3-10　德国的汉诺威

图3-11　瑞典石台的平、立、剖面图

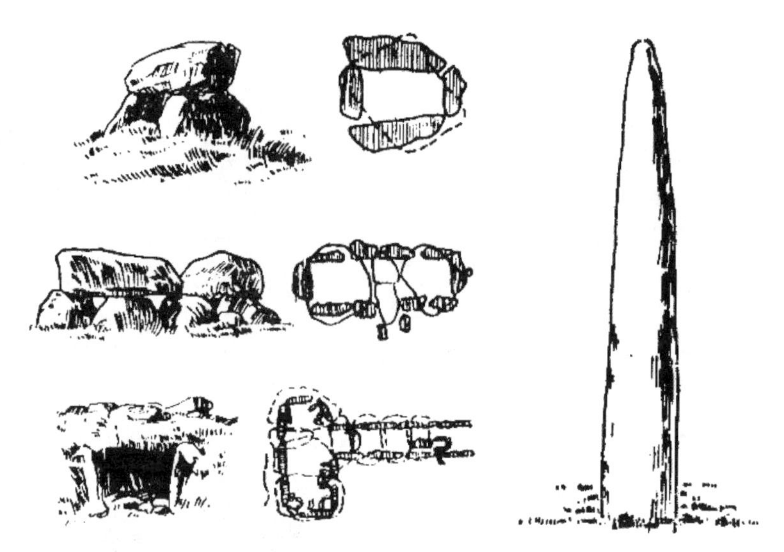

图3-12 整石柱（Monolith）

巨石阵（图3-13）又称索尔兹伯里石环、环状列石、太阳神庙、史前石桌、斯通亨治石栏、斯托肯立石圈等名。巨石阵（Stonehenge），位于距英国伦敦120多千米的一个小村庄阿姆斯伯里。占地大约11hm²，主要由许多整块的蓝砂岩组成，每块约重50t。它的主轴线、通往石柱的古道和夏至日早晨初升的太阳在同一条线上；另外，其中还有两块石头的连线指向冬至日落的方向。巨石阵，是欧洲著名的史前时代文化神庙遗址，2008年3—4月，英国考古学家研究发现，巨石阵的准确建造年代距今已经有4300年，即建于公元前2300年左右。

考古碳年代鉴定技巧的结论是约建于公元前4000至公元前2000年，属新石器时代末期至青铜时代。关于巨石阵的年代，至今尚有争议。但是大多数史学家综合各种周遭因素后相信，巨石阵是公元前2500年至公元前2000年石器时代晚期建成的。在公元前3300年至公元前900年这段时间中，巨石阵的建造有几个重要的阶段。

图3-13 石环

考古证明，巨石阵的修建是分几个不同阶段完成的。大约在公元前3100年，开始了第一阶段的修建。首先是修建环形的沟渠和土台。由蓝砂岩排列成两个圆环，是巨石阵的雏形。在公元前2100年至公元前1900年，修建了通往中央的道路。又建成了规模庞大的巨石阵，以巨石为柱，顶上则横卧巨石为楣。构成直径30m左右的圆环。而其后的500年间，这些巨石的位置曾经被不厌其烦地重新排列，形成今天的格局。

公元前2600年左右，金属被引入不列颠全岛，坚硬的凿刻工具被制作出来，这个时期的巨石阵更精致完美，像Somerset的Stanton Drew，Orkneys的BrodgarRing，直径超过90m。然而一些其他主要的石阵则小多了，一般只有18～30m。它们有个特殊的现象，就是除了圆形石阵之外，还会出现椭圆形的石阵，长轴方向指向太阳和月亮的方位。数目在宗教上也呈现一个有趣的现象，我们发现无论巨石阵的圆周有多大，各地的立石数量都有独特的数目，如Lake District地区的数量都是12个，Hebrides地区的则是13个，苏格兰中部则是4、6或8个，Land's End地区是19或20个，而爱尔兰南部是5个。

英国考古专家在巨石阵附近发现青铜器时代早期一位弓箭手的坟墓。研究发现，这个人大约生活于公元前2300年，巨石阵正是在此前后于伦敦西南120km外的埃姆斯伯里形成。坟墓中的陪葬品多达100件，包括金耳环、铜刀子和很多陶器，这个人可能是当时巨石阵附近地区的一位显赫人物，一些考古学家因此猜测他参与主持建造了巨石阵。

公元前2000年，在这个最后时期，以传统方法建立的巨石阵数量便开始减少。整体形状也不是很完美，不是呈现椭圆形就是扭曲的环状（图3-14）。在规模上也大不如前，有的直径甚至还不到3m。

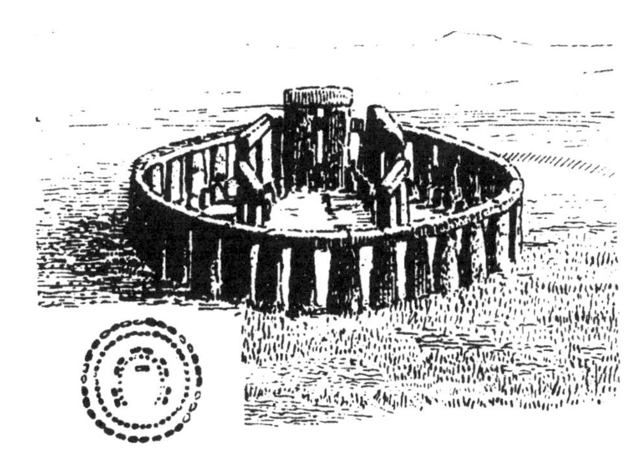

图3-14　石环复原图

3.1.3　原始社会的聚居形式

随着原始人的定居，逐步开始了聚居，有了村落的雏形。根据考古和历史资料，考古工作者发现了一些原始村落遗址，例如英国奥克尼群岛旧石器时代的村落遗址（图3-15）。考古工作者也还原了一些原始村落的复原图（图3-16），其中比较详细的是塞浦路斯新石器时代一个村庄复原图（图3-17）。

图3-15　英国奥克尼群岛旧石器时代的村落遗址

图3-16　村落的复原图

图3-17　塞浦路斯新石器时代一个村庄复原图

3.2　古希腊、古罗马建筑装饰

3.2.1　古希腊建筑

古希腊的建筑艺术是欧洲建筑艺术的源泉与宝库。古希腊建筑风格的特点主要是和谐、完美、崇高。而古希腊的神庙建筑则是这些风格特点的集中体现者，古希腊的“柱式”，这种规范和风格的特点是追求建筑的檐部（包括额枋、檐壁、檐口）及柱子（柱础、柱身、柱头）的严格和谐的比例和以人为尺度的造型格式。古希腊最典型、最辉煌也是意味最深长的柱式主要有三种，即多立克柱式、爱奥尼柱式和科林斯柱式。多立克柱式的柱头是简单而刚挺的倒立圆锥台，柱身凹槽相交成锋利的棱角，没有柱础，雄壮的柱身从台面上拔地而起，柱子的收分和卷杀十分明显，力透着男性体态的刚劲雄健之美。爱奥尼柱式，其外在形体修长、端丽，柱头则带婀娜潇洒的两个涡卷，尽展女性体态的清秀柔和之美。科林斯的柱身与爱奥尼相似，而柱头则更为华丽，形如倒钟，四周饰以锯齿状叶片，宛如满盛卷草的花篮。从比例与规范来看，多立克柱式一般是柱高为底径的4 ~ 6倍，檐部高度约为整个柱子的1/4，而柱子之间的距离，一般为柱子直径的1.2 ~ 1.5倍，十分协调、规整而完美。爱奥尼柱式，柱高一般为底径的9 ~ 10倍，檐部高度约为整个柱式的1/5，柱子之间的距离约为柱子直径的两倍，十分有序而和美。科林斯，在比例、规范上与爱奥尼柱式相似。以多立克柱式为构图原则的有帕提农神庙、阿菲亚神庙；以爱奥尼柱式为构图原则的伊端克先神庙和帕加蒙的宙斯神坛；以科林斯柱式为构图原则的典型作品列雪格拉德纪念亭等。代表性的建筑群体：雅典卫城。

雅典卫城（图3–18）：卫城建在一个陡峭的山岗上，仅西面有一通道盘旋而上。建筑物分布在山顶上一个约280m × 130m的天然平台上。卫城的中心是雅典城的保护神雅典娜帕提农的铜像，主要建筑是膜拜雅典娜的帕提农神庙，建筑群布局自由，高低错落，主次分明。无论是身处其间或是从城下仰望，都可看到较完整的丰富的建筑艺术形象。帕提农神庙位于卫城最高点，体量大，造型庄重，其他建筑则处于陪衬地位。卫城南坡是平民的群众活动中心，有露天剧场和敞廊。卫城在西方建筑史中被誉为建筑群体组合艺术中的一个极为成功的实例，特别是在巧妙地利用地形方面更为杰出。雅典卫城中还有伊瑞克提翁神庙（以著名的女像柱廊闻名于世，图3–19和图3–20）和胜利神庙（图3–21）。

图3–18　雅典卫城

图3–19　伊瑞克提翁神庙

图3–20　伊瑞克提翁神庙柱式

图3–21　胜利神庙

3.2.2 古罗马建筑

古罗马建筑是古罗马人沿袭亚平宁半岛上伊特鲁里亚人的建筑技术，继承古希腊建筑成就，在建筑形制、技术和艺术方面广泛创新。古罗马建筑在公元1—3世纪为极盛时期，达到西方古代建筑的高峰。

古罗马建筑中的经典很多，有罗马万神庙（图3–22）、维纳斯和罗马庙以及巴尔贝克太阳神庙（图3–23），这些都是宗教建筑，也有皇宫、剧场角斗场、浴场以及广场和巴西利卡（长方形会堂）等公共建筑。居住建筑有内庭式住宅、内庭式与围柱式院相结合的住宅，还有四五层公寓式住宅。

图3–22 罗马万神庙

图3–23 巴尔贝克太阳神庙

古罗马建筑汇集了三大源流：以埃特鲁斯坎文化作为代表的中欧之根，由希腊建筑传来的东地中海国家的信息以及地中海周围涌现出的作品，其中以埃特鲁斯坎巨型坟墓为代表（图3–24）。

图3–24 埃特鲁斯坎巨型坟墓

共和国时期的建筑物保存下来的很少，只有公元前2世纪至公元前1世纪建成的罗马神庙，特别是耸立在古罗马广场的两座圣殿——命运神庙和维斯太神庙（图3-25），使我们得以了解罗马建筑史上最早的作品。维斯太神庙于15年由提比略皇帝重建，后改为圣玛利亚德尔·索尔教堂。这是一座建在有梯级的墩座上面的围柱式圆形庙宇，外柱廊的20根圆柱是科林斯式的。原建筑尽管保存良好，但上槽口以及梯级般的锥状房顶已不复存在。

蒂沃利的赫丘利神庙大约建于公元前80年。与普洛尼斯特的建筑一样，这个建筑群也建在一个山丘的坡面上。山丘的形态决定了必须先建造一个开阔的人工平台，以便在上面建起庙宇。在这个长、宽均仅100m的长方形大平台的三面，排列有带立柱的双层柱廊，使平台具有朝向山谷的广阔视野。大柱廊围成了庙宇的场地，庙宇有很宽的台阶，通向其有八根柱子的正面。在平台朝外的一边与圣殿入口处的台阶之间，是剧场的阶梯形观众席位；与普洛尼斯特的建筑一样，剧场是在庙宇的前面。

朱庇特神庙（图3-26）位于加埃塔（意大利）附近的泰拉奇纳，该神庙虽无剧场的阶梯形观众席位，其总体结构也表明了泰拉奇纳建筑与普洛尼期特和蒂沃利的大建筑群之间实质性的差异，但还是再现了蒂沃利神庙的一些要素。

图3-25　维斯太神庙

图3-26　朱庇特神庙

马可·维特鲁威·波利奥是一位生于公元前1世纪的罗马建筑师、工程师和专著作者，他的名望决非源于他的建筑作品，而是因为他是一部关于建筑艺术的十分重要的专著的作者。这部专著名为《建筑十书》，是保存至今的此类稀有著述中的一部。

在漫长的20个世纪中，维特鲁威的著作吸引了众多的评论家和随笔作家，他们纷纷走近其著作，试图从中找到伟大的罗马建筑的基本原则。他的《建筑十书》的手稿于公元1415年被发现，作品得到了非同一般的认可，而自公元1486年发行的第一个现代版本起，该著作更是得到了最终的肯定，从而成为文艺复兴时期建筑师们真正崇拜的对象。

建于奥古斯都时期的尼姆（法兰西）即古尼姆城的卡雷神庙（图3-27），是整个罗马帝国时代保存得完好的庙宇之一。那是介于宗教崇拜和对世俗权力崇拜之间的建筑。该庙宇为供奉帝王家庭而建（即奥古斯都、利维娅及阿格里帕的两个儿子卡约和卢西乌斯）。该庙宇建在一个高墩座上，正面为一石阶，是一座14m宽、28m长的六柱假围柱式庙宇。卡雷神庙是完全采用科林斯柱式的最美的代表性建筑。

圆形露天竞技场在建筑史上是件绝对新颖的事物。在罗马帝国之前，历史上从没有兴建过能够容纳这么多人的建筑物。圆形露天竞技场也许是公共建筑物悠久的传统的最后一个见证。这里显示了极为出色的工作组织才能及建筑的经济观，所有的建筑组成部分都服从这两个基本原则。

圆形露天竞技场经常出现在帝国许许多多的城市中，从大罗马到行省小城到处可见，它代表了到那时为止几乎完全鲜为人知的一种新型建筑。这一新型建筑有两个基本目的：容纳大量的观众——通常情况下能容纳大约7万人，二是集中这么多人是为了娱乐。圆形露天竞技场不同于过去那些仅仅用于祭奠神灵或者纪念已逝世君王的建筑物，也与那些完全供领导阶级和教士使用的建筑大相径庭。

简而言之，圆形露天竞技场是一种周围有一排排阶梯式观众座席的椭圆形竞技场。阶梯座席的巨大高度——罗马圆形露天竞技场阶梯座席总共高达50m，要求有一个保证大量观众顺利到达座位所需的复杂的阶梯和走廊系统，而竞技场地下则是在那里进行盛大表演所需的复杂设施。

图3-27　卡雷神庙

图3-28　弗拉维圆形露天竞技场

在罗马圆形露天竞技场建设之前，只有一个奥古斯都时代修建的圆形露天竞技场，即位于玛尔特(玛尔斯)广场的名为埃斯塔蒂里奥・陶罗的竞技场，该广场毁于公元64年的火灾，后用石料重建。弗拉维圆形露天竞技场（图3-28），习惯上称为罗马圆形露天竞技场的建设工程由韦斯帕芗皇帝（公元69—79年）下令进行，它的落成是在公元80年，此时已是他的继任者提图斯统治时期。

弗拉维圆形露天竞技场主要用于大型公共演出，它在尼禄名为奥雷亚宅邸的皇宫周围所建花园的废墟上兴建的，更具体地说，就是皇宫前面人工湖原来的位置上修建的。由于1936年开辟帝国广场大道，弗拉维圆形露天竞技场周围的景色发生了很大的改变。

弗拉维圆形露天竞技场的建设始于公元70年，基础结构用了大约10年，完成服务和收尾工程又用了两年。用如此短的时间兴建如此复杂的工程，表明了罗马建设者异乎寻常的技术和组织能力。

公元6世纪，竞技场中的活动逐步减少，直到最后完全停止了一切重大表演；但是，在公元1332年，人们仍在这座竞技场内为罗马贵族举办了斗牛节。

公元1231年和1349年的两次大地震损毁了外墙的局部，使从前的圆形露天竞技场成了建设罗马首都其他建筑物所需的石灰华采石场。这一破坏进程于公元1744年结束，因为教皇贝内迪克托十四世决定把残存建筑用来纪念那许许多多在角斗场牺牲的教徒。庇护七世进行的重建——于公元1805年和1812年兴建的两座巨大的砖护墙，使竞技场有了现在的模样（图3-29）。

图3-29　圆形露天竞技场

朱利亚·克劳狄王朝和弗拉维王朝的历任皇帝都大兴土木，尤以帝国都城为盛，因为每位皇帝都想留下其王朝的功绩。屋大维·奥古斯都便在一个居民区和恺撒广场东侧之间的一片空地上建起自己的广场，广场轴线与恺撒广场的中轴线相垂直。

奥古斯都广场设计成一个长方形大广场，两侧有两排柱廊，广场中最显眼的是供奉复仇之神的八柱庙宇的正面（如图3-30）。庙宇立在30m高的墙上，高墙保护了整个建筑，使其免遭曾毁掉该居民区的频频发生的火灾。

图3-30　奥古斯都广场

奥古斯都广场的独特贡献之一是设

有两片很大的带座区，就在中央庙宇两侧那两排柱廊间的半圆形凹室处，结构与巴西利卡相仿，这种方式被阿波洛多鲁斯仿效，用于建设图拉真广场。其意义超出建筑学或美学设计，进入了纪念性建筑或城建范畴。奥古斯都广场的中央庙宇所采用的样式与恺撒广场的维纳斯神庙相似，有一个末端为半圆形后殿的长方形主殿。两侧均有柱廊，构成6个边侧壁龛。

3.2.3 古罗马柱式

古罗马建筑为我们发展了美轮美奂的立柱。维尼奥拉依照公元1世纪意大利建筑师维特鲁威在世纪之交的做法及其同代人帕拉第奥和斯卡莫齐的做法，确立了五种建筑柱式：塔司干柱式、多立克柱式、爱奥尼柱式、科林斯柱式以及组合柱式（图3–31）。前三种柱式与希腊人用的柱式相似，而后两种则是罗马建筑师自己的创新。

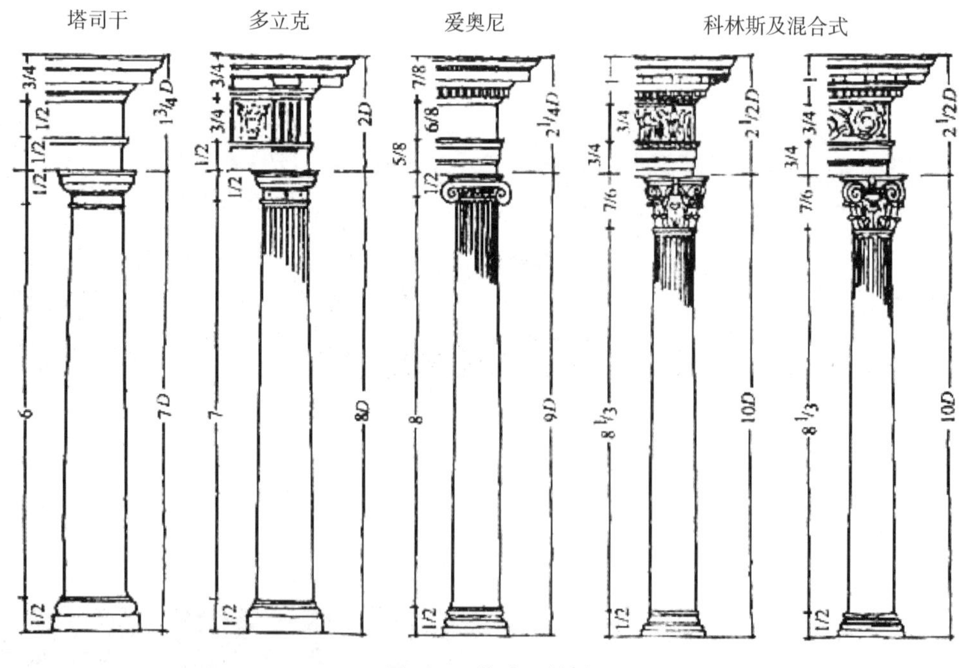

图3–31 柱式比较图

（1）塔司干柱式

塔司干是一种外形较简单、几何图案不够优美的柱式。这些特点使其外观显得分外牢固。

（2）多立克柱式

虽然多立克柱式很像塔司干柱式，但其柱顶檐部精雕细刻的雕带使之与塔司干柱式相区别。

（3）爱奥尼柱式

爱奥尼为罗马建筑中精致的柱式之一，特点在于柱头上的四个称作涡旋的涡卷形装饰（图3-32）。

（4）科林斯柱式

科林斯特点是柱头有用大量爵床叶构成的装饰，爵床叶上面成串的涡旋比爱奥尼柱式上的涡旋要小（图3-33）。

（5）组合柱式

组合柱式无论尺寸还是装饰均与科林斯柱式极为相似，唯一的区别是其柱头的涡旋极多。

罗马建筑师在同一建筑物中同时运用多种柱式，而且最终的效果颇为和谐，这一点可以在罗马的弗拉维竞技场（即大角斗场）（图3-34）的外部正面得到印证。

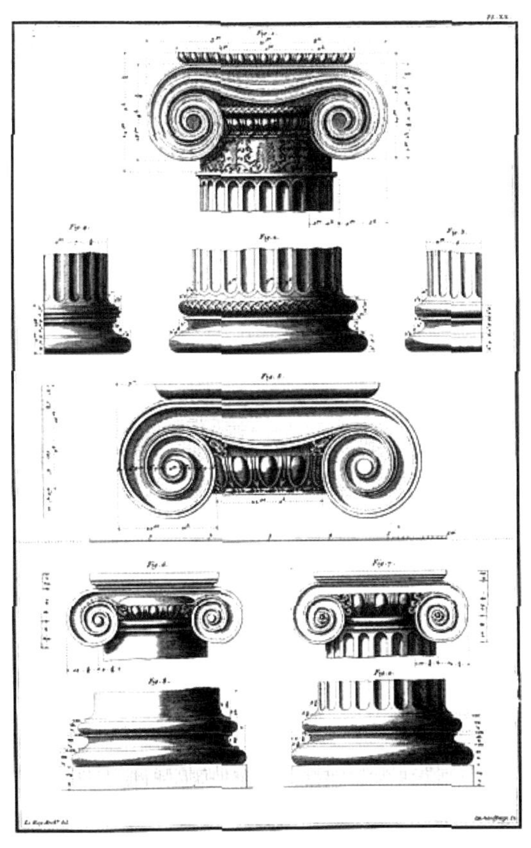

图3-32　爱奥尼柱式

图3-33　卡雷神庙（科林斯柱式）

图3-34　大角斗场

3.3 封建中世纪的建筑装饰

欧洲的封建制度是在古罗马帝国的废墟上建立起来的。古罗马帝国经历盛期之后，由于社会危机日益严重，395年在狄奥多西一世去世之后正式分裂为东、西两个帝国。西部以罗马为中心，称西罗马帝国；东部以君士坦丁堡为中心，称东罗马帝国，又称拜占庭帝国。西罗马帝国在奴隶、贫民起义和来自北方的蛮族部落的冲击下，于476年灭亡。经过一个漫长的混战时期，西欧形成了封建制度。东罗马帝国从4世纪开始封建化，7世纪后逐渐衰落，直到1453年被土耳其人灭亡。

从西罗马帝国灭亡到14、15世纪资本主义制度萌芽（即文艺复兴时期）的欧洲的封建时期被称为中世纪。欧洲封建制度主要的意识形态上层建筑是基督教。宗教世界观统治着人们的生活，《圣经》成了最高的权威。封建分裂状态和教会的统治，对欧洲中世纪的建筑发展产生了深深的影响。宗教建筑在这时期成了唯一的纪念性建筑，成了建筑长久的最高代表。

西欧和东欧的中世纪历史很不一样，他们的代表性建筑物天主教堂和东正教堂在形制上、结构上和艺术上也都不一样，分别为两个建筑体系：东欧中世纪拜占庭建筑；西欧中世纪早期基督教建筑；罗马式建筑；哥特建筑。

3.3.1 早期基督教建筑

西罗马帝国至灭亡后的三百多年时间的西欧封建混战时期的教堂建筑。主要有巴西利卡式、集中式和十字式。

3.3.1.1 巴西利卡式

巴西利卡是古罗马的一种公共建筑形式，特点是平面呈长方形，外侧有一圈柱廊，主入口在长边，短边有耳室，采用条形拱券作屋顶。巴西利卡这个词来源于希腊语，原意是“王者之厅”，拉丁语的全名是basilica domus，本来是大都市里作为法庭或者大商场的豪华建筑。

早期基督教巴西利卡教堂都有一个高高的中厅，适于公众聚集和礼仪活动。中厅一端的半圆壁龛内，布置有祭坛以及神职人员做弥撒和其他宗教活动的一些摆设。中厅边上建有侧廊，主要用作公共空间或摆放圣物箱以及满足其他附属功能。中厅高过侧廊，日光通过高侧窗照亮中厅室内。教堂墙体为石砌，屋顶则由大的木构件覆盖。

拉丁十字式巴西利卡。在罗马巴西利卡的东端建半圆形圣坛，用半穹顶覆盖，其前为祭坛，坛前是歌坛。由于宗教仪式日益复杂，在坛前增建一横向空间，形成十字形的平面，纵向比横向长得多，即为拉丁十字平面。其形式象征着基督受难，满足仪式需要，成为天主教堂的正统形制（图3-35）。

巴西利卡长轴为东西向，入口朝西，祭坛在东边。巴西利卡前有内柱廊式院子，中央有洗池（后发展为洗礼堂），纵横厅交叉处上建采光塔。为召唤信徒礼拜建有钟塔兼瞭望用。

室内材料通常为色彩丰富的大理石。墙面多绘有壁画，壁龛上部半穹顶的天顶上也绘有壁画或是镶嵌马赛克拼贴图，阐释着宗教主题。地面常用有色石头铺砌着几何图案并有强烈的色彩。如圣塞南主教堂（图3-36）。

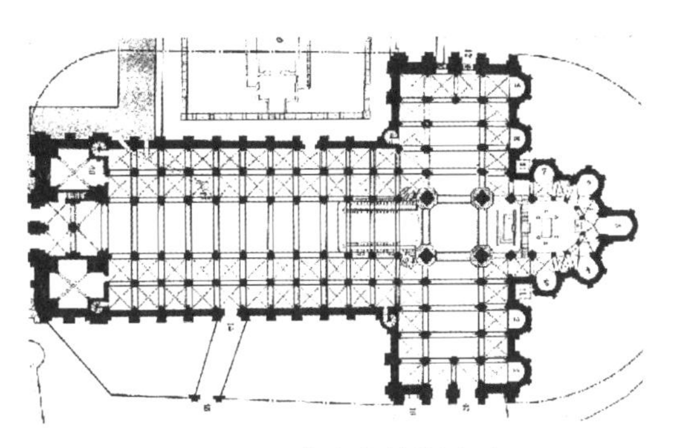

图3-35　圣塞南主教堂平面

图3-36　圣塞南主教堂外观

3.3.1.2　集中式和十字式

早期的教堂除了有巴西利卡式之外，还有两种形制：集中式和十字式。集中式教堂的布局不像巴西利卡式那样主要是一个长方形的大厅，而是一个圆形大厅。中央部分是一个大的穹隆，周围是一圈回廊。现存著名的实例在罗马，是13世纪在君士坦丁女儿的墓上改建的教堂（穹隆已被屋顶盖住）。由于这个穹隆的跨度仅12m，所以在下面支撑的不是万神庙那样的一圈厚墙，而是12对柱子。十字式教堂的风格特点是结构较简单，墙体厚重，砌筑较粗糙，灰缝厚。教堂不求装饰，沉重封闭，缺乏生气。现存最早的十字式教堂是罗马加拉普拉契狄亚陵寝（图3-37）。

图3-37　罗马加拉普拉契狄亚陵寝

3.3.2 拜占庭建筑

395年，罗马正式分裂为东西两部，东罗马以君士坦丁堡为首都，后来就叫拜占庭帝国。拜占庭文化适应着皇室、贵族和经济发达的城市的要求，世俗性很强。它的建筑在罗马遗产和东方丰厚的经验的基础上形成了独特的体系。

3.3.2.1 穹顶与集中式形制

（1）穹顶与帆拱

拜占庭建筑的代表是东正教教堂，它的主要成就是创造了把穹顶支承在4个或者更多的独立支柱上的结构方法。做法是在4个柱墩上，沿方形平面的4边发券，在4个券之间砌筑一个以方形平面对角线为直径的穹顶，这个穹顶仿佛一个完整的穹顶在4边被发券切割之后所余下的部分。它的重量完全由4个发券下面的柱墩承担。如图3-38所示。

这个结构方案不仅是穹顶和方形平面的承接过渡，在形式上自然简洁，同时，把荷载集中到4角的支柱上，完全不需要连续的承重墙，这就使穹顶之下的空间大大自由了，从而可能创造穹顶统帅之下的灵活多变的集中式形制，对欧洲纪念性建筑的发展做出巨大的贡献。

后来，为了进一步完善集中式形制的外部形象，又在4个券的顶点之上作水平切口，在这切口之上再砌半圆的穹顶。更晚一步，则先在水平切口上砌一段圆筒形的鼓座，穹顶砌在鼓座上端。这样，穹顶在构图上的统率作用大大突出，明确而肯定，主要的结构因素获得了相应的艺术表现。水平切口所余下的4个角上的球面三角形部分称为帆拱（图3-39）。

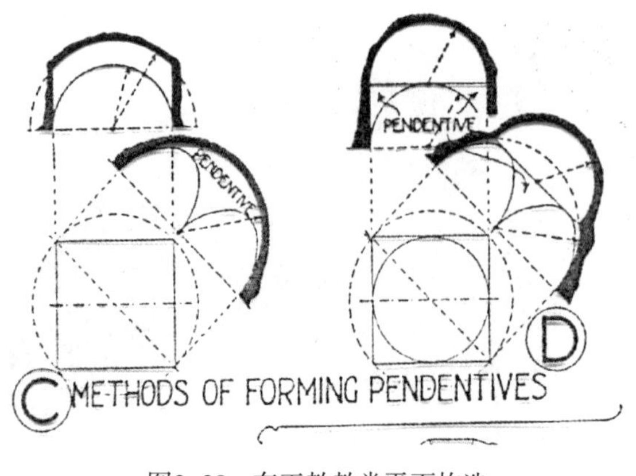

图3-38 东正教教堂平面构造

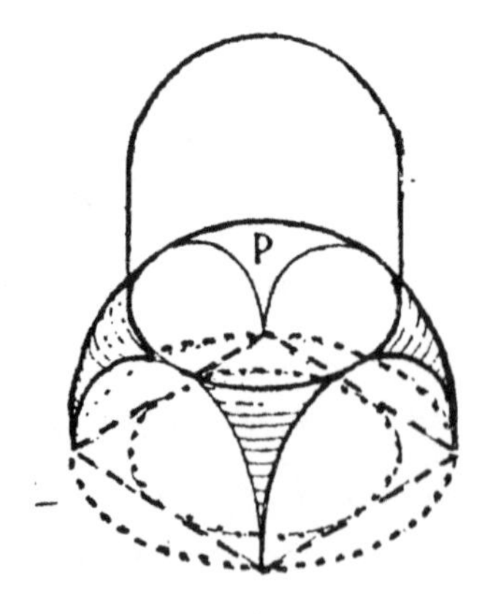

图3-39 帆拱示意图

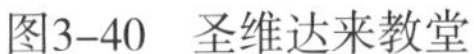

图3-40　圣维达来教堂

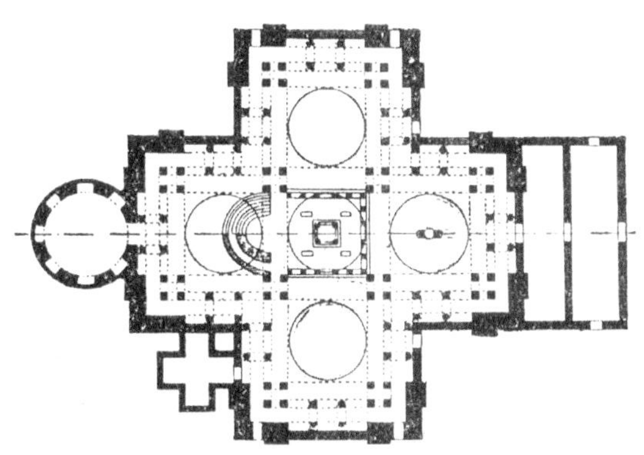

图3-41　阿波斯多尔教堂平面

（2）穹顶的平衡

在阿尔美尼亚和叙利亚常用架在八棵或十六棵柱子上的穹顶，它的侧推力通过一圈筒形拱传到外面的承重墙上，于是形成了带环廊的集中式教堂。例如意大利拉温那的圣维达来教堂（图3-40）。

拜占庭的匠师们在这方面又有最大的创造。他们用四面对着帆拱下的大发券砌筒形拱来抵挡穹顶的推力。筒形拱支承在下面两侧的发券上，靠里面一端的券脚就落在成承架中央穹顶的柱墩上。这样，外墙完全不必承受侧推力，内部也只有支撑穹顶的4个柱墩。无论内部空间还是立面处理，都灵活自由得多了。

（3）希腊十字式

希腊十字式教堂，中间的穹顶和它四面的筒形拱成等臂十字。它的内部在中央穹顶的统治下，形成了集中式的纪念性空间，东面有3间华丽的圣堂，成为建筑艺术的焦点。因此，教堂的纪念形制同宗教仪式的神秘性不完全契合。

还有一种结构做法，即在中央穹顶四面用4个小穹顶代替筒形拱来平衡中央穹顶的侧推力，例如君士坦丁堡的阿波斯多尔教堂（图3-41）。

3.3.2.2　装饰艺术

（1）玻璃马赛克和粉画

由于大面积的马赛克（图3-42）和粉画（图3-43），拜占庭教堂内部色彩非常丰富。马赛克：用涂有色彩的小陶瓷片来拼组图案的方法在罗马帝国初期就已经很盛行了。著名的庞贝城就出土了不少。但是把马赛克大量地用在教堂内部的装饰上是拜占庭时期的特色。耶稣、天使、圣徒等的像都是如图3-42那样拼组出来的。

（2）石雕

发券、拱脚、穹顶底脚、柱头和其他承重或转折的部位用石头砌筑，利用这些石头的特点，在天门上面做雕刻装饰，题材以几何图案或城市化的植物为主。

雕饰手法的特点是：保持构建以来的几何形状，用镂空和三角形截面的凹槽来形成图案（图3–44）。这种做法来自阿尔美尼亚。

图3–42 马赛克

图3–43 粉画

图3–44 石雕

3.3.2.3 圣索菲亚大教堂

拜占庭建筑最光辉的代表是君士坦丁堡的圣索菲亚大教堂（图3–45），是东正教的中心教堂。是拜占庭帝国极盛时代的纪念碑。圣索菲亚大教堂是集中式的，东西长77.0m，南北长71.0m。布局属于以穹隆覆盖的巴西利卡式（图3–46）。中央穹隆突出，四面体量相仿但有侧重，前面有一个大院子，正南入口有两道门庭，末端有半圆神龛。中央大穹隆，直径32.6m，穹顶离地54.8m，通过帆拱支承在四个大柱墩上。其横推力由东西两个半穹顶及南北各两个大柱墩来平衡。内部空间丰富多变，穹隆之下，与柱之间，大小空间前后上下相互渗透，穹隆底部密排着一圈窗洞（40个），光线射入时形成的幻影，使大穹隆显得轻巧凌空（图3–47）。教堂内部空间曲折多变，饰有金底的彩色玻璃镶嵌画。装饰富丽堂皇，地板、墙壁、廊柱是五颜六色的大理石，柱头、拱门、飞檐等处以雕花装饰，教坛上镶有象牙、银和玉石，大主教的宝座以纯银制成，祭坛上悬挂着丝与金银混织的窗帘，上有皇帝和皇后接受基督和玛利亚祝福的画像。

图3–45 圣索菲亚大教堂远景

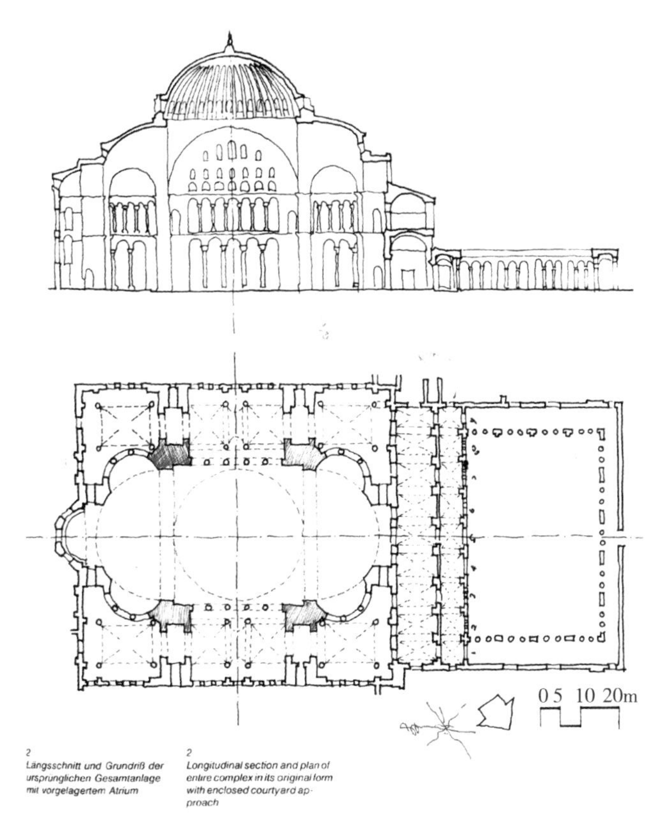

图3-46　圣索菲亚大教堂平面及剖面

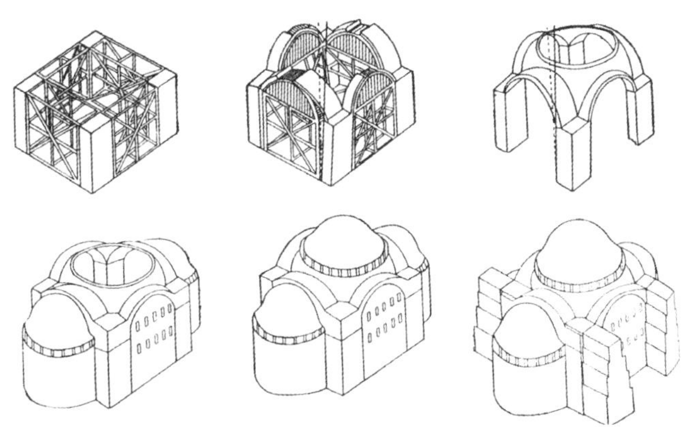

图3-47　圣索菲亚大教堂结构体系

3.3.3　罗马式建筑

西罗马帝国，476年被日耳曼人所灭。9世纪后，逐渐恢复元气。后来分裂为法兰西、德意志、意大利、英格兰等十几个国家，并正式进入封建社会。

11至12世纪，西欧的建筑艺术继承了古罗马的半圆形拱券等结构式样，很多建筑材料又取自古罗马废墟，因此被称为罗马式建筑。

罗马式建筑文化在总体上厚重、坚固，宣泄了一种宗教激情，具有强烈的精神表现性，是建筑文化发展史上重要的阶段性形制。

其特点与成就包括：

（1）结构

专业工匠的参与下，突破了教会封锁，大胆启用筒拱、十字交叉拱乃至四分肋骨拱，出现骨架券承重，减轻拱顶厚度，但在处理侧推力方面不够完善，仍未摆脱厚实的承重墙及扶壁。

（2）平面形式

在平面形式上，拉丁十字平面得到发展和完善，成为天主教的主要平面型，同时在交叉点上方出现采光塔，以照亮圣坛。

（3）立面

主要注重入口西立面立面形式，称为“西殿堂”，并出现透视门。此外，其典型特征还包括：巨大厚实的墙体、墙面的连列小券、门窗洞口的多层同心半圆券、狭小的窗同、连续的扶壁，柱墩粗大的圆柱等。且所有拱券均为半圆形。

图3–48　圣佛伊教堂

（4）内部装饰

内部追求构图的完整统一。柱头逐步退化，中厅和侧廊的拱顶的骨架券一直延续下来，贴在柱墩上，形成“束柱”。教堂内部垂直因素加强，削弱了沉重感。

（5）雕刻技艺

应用框架法则，将非写实性的（将寓意、象征、夸张、变形等多种艺术手法随心所欲地兼取并用，并违反正常比例）雕刻运用到门楣中心、横楣、拱门饰、门廊、门间壁、门侧壁甚至柱头与柱身的所有表面。法国的圣佛伊教堂（图3–48）就是典型代表，其平面布局呈十字形，中厅狭长。十字交叉处上方建有一座八边形塔楼。筒拱覆盖下的中厅内建有拱券，用来限定每一个开间。

3.3.4　哥特式建筑

最早的哥特式是从罗马风自然地演变过来的，如对罗马式十字拱的继承和发展，在11世纪下半叶起源于法国，13—15世纪流行于欧洲的一种建筑风格。哥特式建筑创造了新的建筑形制和结构体系，在建筑史上占有重要的地位。同时也形成了自身强烈的风格，以尖券、尖形肋骨拱顶、坡度很大的两坡屋面和教堂中的钟楼、扶壁、束柱等为特点，垂直线是其统治的要素，具有强烈的向高空升腾之感（图3-49）。哥特式的精髓在于肋。

图3-49 法国的St Denis教堂

“哥特”原是参加覆灭罗马奴隶制的日耳曼“蛮族”之一，15世纪，文艺复兴运动反对封建神权，提倡复活古罗马文化，便把当时的建筑风格称为“哥特”，以表示对它的否定。

哥特式（Gothic）建筑的名声一直不好。但无论在建筑风格上，建筑结构上，还是在技术和艺术的和谐一致上，哥特式都达到了惊人的高度。哥特式的典型代表是法国的巴黎圣母院（图3-50）。

图3-50 巴黎圣母院

哥特式建筑代表了欧洲中世纪建筑艺术的最高成就。14世纪英国的格罗切斯特大教堂（图3-51），使用骨架券作为拱顶的承重构件，十字拱成了框架式的，拱顶大为减轻，侧推力也小多了。

骨架券把拱顶荷载集中到每间十字拱的4角，因而可以用独立的飞券在两侧凌空越过侧廊上方，在中厅每间十拱4角的起脚抵住它的侧推力。建筑越来越高，虽然采取各种减轻自重的办法，但重量还是太大，由此产生的外推力需要被抵消。而扶壁就是为了这样的目的建造的。原来的扶壁都是实心的墙，这时出现的这种轻巧的结构，既分散了重量，又十分有跃动感，即“飞扶壁”。尖拱很明显可以使承受到的重量更快地向下传递。这样一来，侧向的外推力就小了，整个建筑更容易建成竖长的样子，在垂直的方向上也能建得更高。图3-52为法国亚眠大教堂（Amiens Cathedral）的中厅，建于13世纪，高度为43m。

图3-51　格罗切斯特大教堂

图3-52　法国亚眠大教堂的中厅

提到哥特式建筑，必会想到那工艺精湛的彩绘玻璃窗（图3-53）。教堂里的玻璃窗基本是以红、蓝二色为主，蓝色象征天国，红色象征基督的鲜血。彩绘玻璃窗不仅改变了罗马式建筑采光不足而沉闷压抑的感觉，还通过圣经故事表达了人们向往天国的内心理想，同时起到了向大众宣传教义的作用。

中世纪的教堂是前无古人、后无来者的、不朽的、辉煌的艺术作品。让我们重温法国文豪雨果对巴黎圣母院的赞扬。他说：“毫无疑问，巴黎圣母院至今仍然是雄伟壮丽的建筑，每块石头上都可以看到在天才艺术家熏陶下，那些训练有素的工匠迸发出来的百般奇思妙想。”中世纪的教堂就像希腊艺术一样，它的艺术魅力是永恒的，是后人无法企及的。

中世纪的教堂建筑艺术如同那耀眼的曙光，它驱散中世纪的黑暗统治，在人类艺术史的天空放射光芒。

图3-53　哥特式建筑的彩绘玻璃窗

3.4　文艺复兴时期的建筑装饰

3.4.1　文艺复兴的建筑与哥特风格建筑的对比

文艺复兴时期的建筑轮廓上讲究整齐、统一与条理性，而不像哥特风格那样参差不齐的高低强烈对比。15世纪形成最早的反哥特风格，源于佛罗伦萨；16世纪传遍意大利，在罗马形成中心，传入欧洲各国；意大利文艺复兴建筑在全世界占最重要的地位。

科隆大教堂（图3-54）是哥特式的一座代表建筑。其尖尖的、高高的屋顶（图3-55）所具有的“哥特味”十分浓重。由16万t石头堆积而成的如同石笋般林立的科隆大教堂，整个建筑时间跨越了近五个世纪。图3-56为科隆大教堂特写。

将文艺复兴时期设计的凡尔赛宫（图3-57）、圣彼得大教堂与科隆大教堂对比，就会发现它们之间有很大的不同：半圆形券、厚实墙体、圆形穹隆、水平面的厚檐口取代了哥特式风格中的尖券、小塔、束柱、扶壁。文艺复兴时期，建筑轮廓上讲究整齐、统一与条理性，形成与哥特式风格相异的风格。

图3-54 科隆大教堂

图3-55 科隆大教堂全貌

图3-56 科隆大教堂特写

图3-57 法国凡尔赛宫

3.4.2 文艺复兴时期建筑倾向

倾向教条主义泥古不变的崇拜古代。把古罗马时代的建筑师维特鲁威推崇为建筑界至高无上的、不可怀疑的典范。更有甚者认为古代的建筑语汇是“上帝”的意志，认为违反这些规律就是“犯罪”。

倾向追求新颖尖巧。堆砌壁龛、雕塑、涡卷等，玩弄光影，追求不安定的形体和出乎意料的起伏转折。还经常采用毫无建筑结构逻辑的壁柱、盲窗、线脚等在建筑立面上作虚假的图案，檐部和山墙几经曲折，弧形的与三角形的山花重叠在一起，这也就是后来巴洛克建筑出现之前的前奏曲。

3.4.3　文艺复兴早期的建筑装饰

文艺复兴的里程碑，被公认的文艺复兴时代的第一个代表作品是佛罗伦萨主教堂的穹顶。

佛罗伦萨主教堂（图3-58）所诠释的美感充分展现了意大利文艺复兴时期自由、古典和唯美的审美趣味，犹如圣母般的高贵优雅，又带有些许妩媚的气质，因此被称为“花之圣母”，是文艺复兴时期留下的不朽的伟大建筑。古典的外观饰以粉红、鲜绿、奶白等颜色的大理石；教堂砖红色的穹顶，堪称佛罗伦萨的标志，也是古代欧洲的三大穹顶之一；高耸入云的钟楼，哥特式的外形格外显眼而壮观；教堂内部精美的壁画，由多种颜色的马赛克镶嵌而成。所有的精美图案和颜色交织组合而成的宏伟建筑，宛如一件巨大的艺术品屹立在“翡冷翠”的中心，美的无法形容，令人叹为观止。

图3-58　佛罗伦萨主教堂

（1）佛罗伦萨主教堂的穹顶（图3-59）建筑特色

①穹顶的外轮廓是双圆心穹顶。

②采用骨架券结构并分内外两层施工，中间是空的。

③为了成为城市的视觉中心，在穹顶下又加了12m高的鼓座。

（2）主教堂穹顶（图3-60）的意义

①突破旧的意识形态，敢于与旧势力——教会对抗，创造了半集中半巴西利卡的平面构图。

②把穹顶作为建筑的主要构图中心，并成为城市风景线的构图中心，这是前所未有

的，是文艺复兴首创的特点之一。

③结构和外形都向前跨越了一步，表明了文艺复兴时期的创新精神。

穹顶内景如图3-61所示。

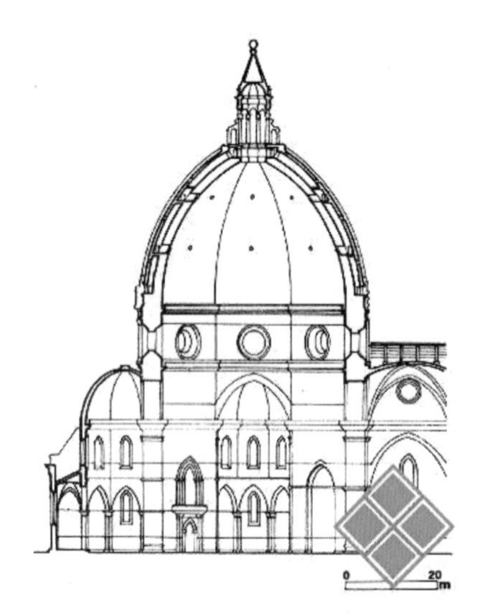

图3-59 佛罗伦萨主教堂设计稿

图3-60 佛罗伦萨主教堂穹顶

图3-61 佛罗伦萨主教堂穹顶内景

（3）宫廷建筑的兴起

不同于建在山上的中世纪寨堡，文艺复兴时期府邸的选址，一般都能体现出生活环境的舒适性，适当满足展示的欲望。从规模上讲，府邸建筑大者可比皇宫，小者可比别墅。

佛罗伦萨的美狄奇府邸（Palazzo medici，1444—60，图3-62）。为文艺复兴早期建筑的典型代表，上下三层的层次清晰：底层墙面大石块略经粗凿，二层石块平整但有砌缝，三层光滑不留砌缝。匀称分布的双窗（二、三层）之上共用一个隐形半圆券是文艺复兴的一个典型造型。美狄奇家族希望通过这种外表“朴素”的处理方式来掩盖其巨大财富。美狄奇府邸侧立面如图3-63所示，细部如图3-64所示。

图3-62　美狄奇府邸

图3-63　美狄奇府邸侧立面

图3-64　美狄奇府邸细部

3.4.4　文艺复兴盛期的建筑装饰

3.4.4.1　纪念性建筑

坦比哀多礼拜堂来源于古罗马时期的罗马圆形寺庙，它是圆形平面的集中式布局，以古典围柱式神殿为蓝本，上盖半球形、圆形。平面是柱廊和圣坛两个同心圆组成，柱廊由多立克式柱子组成；立面由两个精细不同的圆筒形构成。柱廊的宽度等于圣坛的高度，这种造型是典型的早期基督教为殉教者所建的圣祠的基本形式。教堂下层的围柱廊采用多立克柱式，颇具英雄主义气质，是意大利文艺复兴建筑的纪念性风格的典型代表（图3-65）。设计稿如图3-66所示。

此后受坦比哀多建筑影响的有：圣彼得大教堂（图3-67）、英国圣保罗大教堂（图3-68）、巴黎万神庙（图3-69）、美国新古典主义建筑白宫（图3-70）。

图3-65　坦比哀多礼拜堂外观

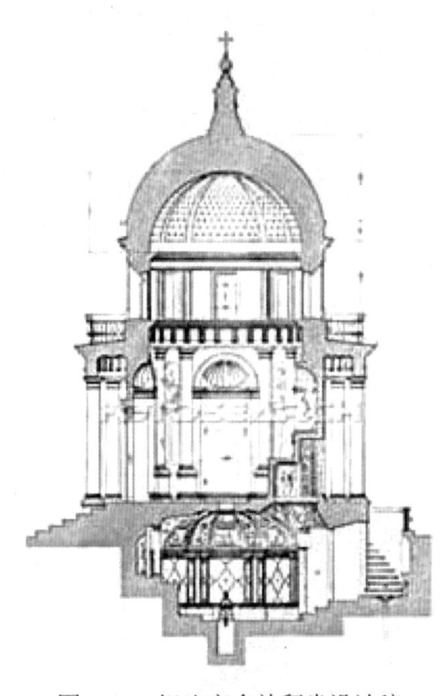

图3-66　坦比哀多礼拜堂设计稿

图3-67　圣彼得大教堂

图3-68　英国圣保罗大教堂

图3-69　巴黎万神庙

图3-70　美国新古典主义建筑白宫

3.4.4.2　威尼斯建筑

雄伟壮丽的圣马可大教堂（图3-71）始建于829年，重建于公元1043—1071年，它曾是中世纪欧洲最大的教堂，是威尼斯建筑艺术的经典之作。圣马可大教堂内景如图3-72所示，融合了东、西方的建筑特色，它原为一座拜占庭式建筑，15世纪加入了哥特式的装饰，如尖拱门等；17世纪又加入了文艺复兴时期的装饰，如栏杆等。从外观上，它的五座圆顶来自土耳其伊斯坦堡的圣索菲亚教堂；正面的华丽装饰是源自拜占庭的风格；而整座教堂的结构又呈现出希腊式的十字形设计，这些建筑上的特色让人惊叹不已。圣马可教堂引人注目的一是内部墙壁上用石子和碎瓷镶嵌的壁画；二是大门顶上正中部分，雕有四匹金色的奔驰的骏马。大教堂是东方拜占庭艺术、古罗马艺术、中世纪哥特式艺术和文艺复兴艺术多种艺术式样的结合体，结合得和谐、协调，美不胜收，无与伦比。

图3-71　圣马可大教堂

图3-72　圣马可大教堂内景

3.4.4.3 文艺复兴收山之作

圣彼得大教堂（图3–73）坐落在圣彼得广场西面，东西长187m，南北宽137m，穹隆圆顶高138m，始建于公元1506年，1626年最后完成，是一座意大利文艺复兴与巴罗克艺术的殿堂，为全世界最大的教堂及罗马天主教的中心教堂，是欧洲天主教徒的朝圣地。自1870年以来，重要的宗教仪式几乎都是在这里举行的。圣彼得大教堂里埋葬着各代教皇的圣骨，也是世界上最大的殡葬纪念馆。教堂的建筑、绘画、雕刻、藏品都称得上是艺术珍品。是意大利文艺复兴时期的建筑家与艺术家米开朗基罗、拉斐尔、伯拉孟特和小莎迦洛等大师们的共同杰作。图3–74为圣彼得大教堂俯览图。

图3–73　圣彼得大教堂

图3–74　圣彼得大教堂俯览图

16世纪初，教廷决定改建圣彼得大教堂，经过竞赛，选中了伯拉孟特的方案（图3–75）。伯拉孟特在文艺复兴盛期那种激于外敌侵略，渴望祖国统一强大，因而缅怀古罗马的伟大光荣的社会思潮的推动下，立志建造亘古未有的伟大建筑物。他设计的方案是希腊十字式。圣彼得大教堂内景如图3–76所示。

1514年，拉斐尔进行第二轮设计，抛弃了伯拉孟特的集中式形制，依照教皇的意图设计了拉丁十字式的新方案。

1547年，教皇委托米开朗基罗主持圣彼得大教堂工程，米开朗基罗抛弃了拉丁十字形制，基本上恢复了伯拉孟特设计的集中式的庄严构图，又加了个巨大的穹顶，这就是米开朗基罗一生中设计的最宏大的一个建筑。

室内装饰由巴洛克大师贝尼尼完成。圣彼得大教堂是“人类从来没有经历过的最伟大、进步的变革”的不朽的纪念碑。

圣彼得大教堂的穹顶（图3–77）是划时代的伟大建筑结构，造型饱满，整体性强。壁龛式的窗与突出的双壁柱式是文艺复兴时手法主义的典型设计。

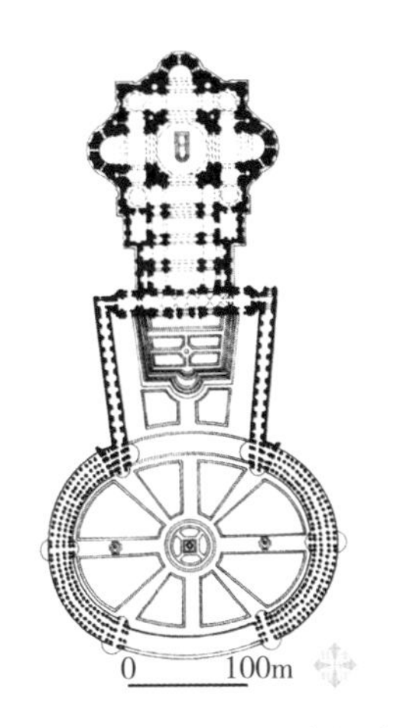

图3-75　圣彼得大教堂初稿

图3-76　圣彼得大教堂内景

图3-77　圣彼得大教堂穹顶

3.4.5　文艺复兴时期家居装饰

文艺复兴时期家具按其艺术形式、技巧、方法与装饰风格的不同可分为早期（1378—1500）、中期（1500—1530）、后期（1530—1600）三个时期。

（1）文艺复兴早期

文艺复兴式家具的研究是从意大利的佛罗伦萨开始的，家具的用材主要为胡桃木，把建筑装饰手法与浅浮为主的雕刻和绘画相结合，注重材料特性、结构性能和形式的多样化。这一时期的家具是高雅的，以其造型设计的简朴、庄重、威严而著称，具有纯美的线条和协调的古典式比例，螺旋状而不影响其使用功能的雕刻有时与设计优美的镶嵌细工和夸大的镀金或彩色装饰相结合。当用雕刻图案来装饰家具表面时，一般是用浅浮雕的形式，给人一种平淡的感觉；其图案形象精美，构图匀称，为显示其高贵常涂金粉和油漆。直到16世纪，深浮雕才开始应用于家具上。

（2）文艺复兴中期

文艺复兴中期是文艺复兴的全盛时期，这时文艺复兴的艺术风格走向成熟，新古典艺术规范确立。这一时期仍然可见文艺复兴早期的简朴和宗教的威严，且图案更加优美、精细，比例进一步完善。此时在意大利的罗马开始出现并逐渐流行起以自然界木材为基材进行丰富的深浮雕装饰，并略微镀成金色。比较流行的雕刻图案是：可爱的奇异动物、有翅小天使、涡卷形装饰和蔓藤组成的叶饰等。

（3）文艺复兴后期

文艺复兴后期又被称为样式主义时期，也是文艺复兴盛期到17世纪巴洛克风格产生之前的一个过渡时期，以威尼斯为中心，样式主义产生的原因是多方面的。这一时期的家具（图3–78）常用深浮雕和圆雕，偶尔采用镀金进一步增加雕刻图案的精美性，尽管所有文艺复兴式图案均被采用，但优先采用的是纹章、战袍、盾形纹章、刻扁、涡卷饰、奇异的人像和女像柱，忽略了文艺复兴时期构图完善的古典比例，雕刻图案过于高出平面而脱离了家具本身造型的完整性要求，同时应用了灰泥模塑细工装饰，并把哥特式的窗格装饰到家具中，形成一种综合的风味。

外形厚重端庄，线条简洁严谨，立面比例和谐，采用古典建筑装饰等。文艺复兴式家具在欧洲流行了近两个世纪。总的说来，早期装饰比较简练单纯，后期渐趋华丽。

图3–78　文艺复兴后期风格的家具设计

3.5　17—19 世纪的建筑装饰

3.5.1　17 世纪的建筑

3.5.1.1　巴洛克

（1）巴洛克建筑风格

17世纪，文艺复兴以后的意大利建筑，出现了一些新的特征：炫耀财富；追求新奇；趋向自然；城市和建筑都有一种庄严隆重、刚劲有力，然而又充满欢乐的兴致勃勃的气氛。这时期的建筑突破了欧洲古典的常规，“巴洛克”原意畸形的珍珠，18世纪中叶，古典主义理论家带着轻蔑的意思称呼17世纪的意大利建筑为巴洛克，但这种轻蔑是片面的、不公正的，巴洛克建筑有它特殊的成就，对欧洲建筑的发展有长远的影响。如图3-79和图3-80所示。

图3-79　巴洛克风格家居装饰

图3-80　巴洛克风格建筑装饰设计

（2）圣彼得广场

圣彼得大教堂前面的广场（图3-81）是巴洛克时期最重要的广场，由教廷总建筑师贝尼尼设计。广场以方尖碑为中心，是横向长圆形的。它和教堂之间再用一个梯形广场相接。两个广场都被柱廊包围，柱子密密层层，光影变化剧烈，所以虽然柱式严谨，布局简练，但构思仍然是巴洛克式的。

图3-81 圣彼得广场

3.5.1.2 古典主义

17世纪，与意大利巴洛克建筑同时，法国的古典主义建筑（图3-82）成了欧洲建筑发展的又一个主流。古典主义建筑是法国绝对君权时期的宫廷建筑潮流，它体现着注重理性、讲究节制、结构清晰、脉络严谨的精神。它的哲学基础是反映自然科学初期的重大成就的唯理论；它的政治任务是颂扬古罗马帝国之后最强大的法国的专制政体。

图3-82 法国古典主义建筑

凡尔赛宫是法国绝对君权最重要的纪念碑。它不仅是路易十四的宫殿，而且是国家的中心。它巨大而傲视一切，用石头表现了绝对君权的政治制度。为建造它而动用了当时法国最杰出的艺术和技术力量。因此，它成了17—18世纪法国艺术和技术成就的集中体现者。凡尔赛宫内部装饰及内景如图3-83和图3-84所示。

图3-83　凡尔赛宫

图3-84　法国凡尔赛宫内景

3.5.2　18 世纪的建筑

3.5.2.1　洛可可风格的起源

17世纪末18世纪初，一方面，法国的专制政体出现了危机；另一方面，法国资产阶级也开始要求政治权利了。宫廷的鼎盛时代一去不返，“忠君”思想已经成为不堪回忆的笑话。于是，贵族和资产阶级上层不再挖空心思挤进凡尔赛，而宁愿在巴黎营造私邸，安享逸乐了。因此，悠闲而懒散的贵族对统治阶级的文化艺术发生了主导作用，代替前一时期的尊严气派和装腔作势的“爱国”热情，是卖弄风情、妖媚柔靡、逍遥自在的生活趣味。这种新的文学艺术潮流称为“洛可可”。洛可可艺术的原则是逸乐。

洛可可风格反映了法国路易十五时代宫廷贵族的生活趣味，曾风靡欧洲。这种风格的代表作是巴黎苏俾士府邸公主沙龙和凡尔赛宫的王后居室。巴黎苏俾士府邸外观及室内如图3-85所示，公主沙龙内景如图3-86所示。

图3-85 巴黎苏俾士府邸外观及室内

图3-86 巴黎苏俾士府邸—公主沙龙内景

3.5.2.2 洛可可风格的特点

室内应用明快的色彩和纤巧的装饰，家具也非常精致而偏于烦琐，不像巴洛克风格那样色彩强烈，装饰浓艳。德国南部和奥地利洛可可建筑的内部空间非常复杂。

洛可可装饰细腻柔媚，常常采用不对称手法，喜欢用弧线和 S形线，尤其爱用贝壳、旋涡、山石作为装饰题材，卷草舒花，缠绵盘曲，连成一体。天花和墙面有时以弧面相连，转角处布置壁画。洛可可风格建筑装饰设计如图3-87所示。

为了模仿自然形态，室内建筑部件也往往做成不对称形状，变化万千，但有时流于矫揉造作。室内墙面粉刷常用嫩绿、粉红、玫瑰红等鲜艳的浅色调，线脚大多用金色。

室内护壁板有时用木板，有时做成精致的框格，框内四周有一圈花边，中间常衬以浅色东方织锦（图3–88）。

图3–87　洛可可风格建筑装饰设计

图3–88　洛可可风格室内装饰设计

3.5.3　19 世纪的建筑

3.5.3.1　浪漫主义

浪漫主义又名“哥特复兴”，是18世纪下半叶至19世纪上半叶在欧洲文学领域的一种主要思潮。体现在建筑上主要是在英国，它要求发扬个性、提倡天性的同时，用中世纪艺术的自然形式来反对制度下用机器制造的工艺品，以及用它来和古典主义抗衡。代表建筑是英国国会大厦（图3–89）。

图3-89 浪漫主义建筑装饰设计——英国国会大厦

3.5.3.2 折中主义

19世纪末至20世纪初，在欧美流行的一种创作思潮。为了弥补浪漫主义和新古典主义的局限性，主张任意模仿历史上的各种风格，自由组合各种样式。并没有固定的风格，讲究权衡的推敲，沉醉于“纯形式”的美。比较重要的代表是巴黎歌剧院（图3-90）。它的立面是晚期巴洛克风格，并加上了洛可可的装饰。

图3-90 巴黎歌剧院内景及外观

3.5.3.3 新古典主义

“新古典主义”是一种艺术风格的名称，它所指的是18世纪末至19世纪前半期在欧洲流行的一种崇尚庄重典雅、带有复古意趣的艺术风格（图3-91）。

它的产生，一方面是为了反对洛可可艺术的过分雕琢，另一方面也是对人们渴望回归古希腊、罗马艺术要求的满足。

图3-91　新古典主义建筑

本章小结

19世纪末至20世纪初，随着工业时代的来临，建筑为了满足更多的新进资产阶级的政治需求。出现了多种建筑装饰的风格，也更多融入了各个国家的建筑特点，出现了建筑上的多元化，也将建筑最本质的作用发挥极致，那便是以实用与舒适为主，不以外加装饰而以自身形体之美为美。

复习思考题

1. 简述古代希腊的历史文化背景。
2. 简述古代希腊柱式的演进。
3. 简述雅典卫城的建筑空间布局。
4. 简述古罗马柱式的发展与定型及拱券结构原理。
5. 简述古罗马不同类型的建筑形制。
6. 简述拜占庭的建筑的穹顶结构特点。
7. 简述欧洲建筑的装饰形式。
8. 简述哥特式建筑的拱顶结构特点。
9. 简述哥特式教堂的建筑特色。
10. 简述巴洛克建筑装饰艺术特点。
11. 简述洛可可建筑装饰艺术特点。

模块四　中国古代建筑装饰

情景提示

1. 中国古代建筑有哪些独特性?
2. 建筑装饰在中国建筑特征形成过程中起到哪些至关重要的作用?

本章导读

我国是一个土地辽阔、资源丰富、人口众多的国家，也是一个由多民族所组成，具有悠久历史的文明古国。我们的祖先给我们留下了丰富多彩的建筑遗产。中国古建筑在世界上形成了独特的建筑体系，在世界古代建筑史中占据着重要的地位。中国古代建筑体系的形成前后经历了三个阶段，即原始社会、奴隶社会和封建社会。中国古代建筑从无到有，从简单到复杂，经过漫长的历史发展过程，形成了木构架建筑体系。在原始社会，人们逐步掌握了营建地面建筑的技术，由此中国木构建筑有了萌芽，到汉代基本形成，到唐代已达到成熟。

建筑装饰在这些特点的形成中起着重要作用。中国古代艺匠利用木构架结构的特点创造出庑殿、歇山、悬山、硬山和单檐、重檐等不同形式的屋顶。又在屋顶上塑造出鸱吻、宝顶、走兽等奇特的艺术形象，他们又在形式单调的门窗上制造出千变万化的窗格花纹式样，在简单的梁、枋、柱和石台基上进行了巧妙的艺术加工；他们正是应用这些装饰手段才造成了中国古代建筑富有特征的外观形象。古代艺匠应用砖、瓦、灰、石等材料的天然颜色，用琉璃、玻璃、油漆的不同色彩，采用对比、调和、穿插渗透等手法形成了中国古代建筑具有鲜明特点的色彩环境。建筑装饰使房屋形体具有艺术的外观形象，使建筑艺术具有了思想内涵的表现力。

教学要求

①掌握古代建筑造型特点；②掌握中国古代宫殿的布局和内外陈设特点；③掌握坛庙建筑的分类；④掌握陵墓建筑的分类；⑤了解宗教建筑的分类和特点；⑥了解古代民居建筑起源和建筑装饰特征。

4.1 上古至商周、春秋战国时期的建筑装饰

4.1.1 原始社会的建筑装饰

4.1.1.1 原始社会建筑的主要类别

中国史前建筑分为穴居和巢居两大类。大体说，北方比较干燥，所以多穴居；南方比较湿润，林木多，所以多巢居。正如《孟子》中说：“下者为巢”，即为巢居，“下”就是指低湿之地；“上者为营窟”，即为穴居，“上”即指高地。

（1）穴居

黄河流域有广阔而丰厚的黄土层，土质均匀，便于挖洞，因此在原始社会晚期，穴居成为这一区域氏族部落广泛采用的一种居住方式。穴居经历了竖穴、半穴居、地面建筑三个阶段。由于受不同文化、不同生活方式的影响，在同一地区还存在着竖穴、半穴居及地面建筑交错出现的现象，但地面建筑更具有它的适用性，最终取代穴居、半穴居，成为建筑的主流。但总的来说，黄河流域建筑的发展基本遵循了从穴居到地面建筑这一过程，可以说穴居的构造孕育着墙体和屋顶，木骨泥墙建筑的产生也就是原始人群经验积累和技术提高的充分体现。

（2）巢居

巢居在我国南方比较多。据考古学家分析，最早人们是住在树上的。开始时只是在一棵大树上居住，后来变成数棵树合一个居所。最后发展成人工插木桩建屋，形成典型的巢居。后来逐渐变成如今尚存的干阑式建筑。

干阑式建筑最具代表性的遗址是位于长江流域的浙江余姚河姆渡村遗址。距今大约有六七千年。在遗址的第四文化层，发现了大量的圆柱、方桩、排桩以及梁柱、地板之

类的木构件。排桩显示至少有三栋以上干阑长屋。长屋不完全长度有23m，宽度约7m，其木构件遗物有柱、梁、枝、板等，且许多构件上都带有榫卯，这是我国已知的最早使用榫卯技术的一个实例。

黄河中游原始社会晚期的文化先后是仰韶文化和龙山文化。

①典型以农业为主的文化被称为仰韶文化（公元前5000年至前3000年），其村落或大或小，比较大的村落的房屋有一定的布局，周围有一条围沟，村落外有墓地和窑场。村落内的房屋主要有圆形和方形两种，早期的房屋以圆形单间为多，后期以方形多间为多。房屋的墙壁是泥做的，有用草混在里面的，也有用木头做骨架的。墙的外部多被裹草后点燃烧过，来加强其坚固度和耐水性。选址一般在河流两岸经长期侵蚀而形成的阶地上，或在两河汇流处较高而平坦的地方，这里土地肥美，有利于农业、畜牧，取水和交通也很方便。

②仰韶文化的继续是龙山文化（公元前2900年至前1600年），分布在今山东全境、河南大部、陕西南部与山西西南一带。与仰韶文化的住房相比较，这时有相当多房屋的面积有所缩小。但这时的某些聚落已扩大为城市。建筑除半地穴外，还出现了地面房屋。建筑的室内地面与墙面涂以白粉，个别建筑的下面还使用了夯土台基。这种夯土技术的扩大使用，表现为城子崖的古城围垣。

4.1.1.2 原始社会的造型文化

在距今约50万年的旧石器时代，考古学家在北京周口店的北京猿人遗址中，不但发现了完整的头盖骨和残骨，而且还有不少骨器、海蚶壳、蚌壳和大小不一的砾石。这些骨器、蚌壳有的被打磨得很光滑，有的砾石还是彩色的，白的、绿的砾石中间钻有小孔，在穿孔上还发现有人工染上去的红颜色。据考古学家分析，这些骨器、蚌壳、砾石很可能是串起来挂在猿人身上的一种装饰品。北京猿人在历史上被称为旧石器时代的山顶洞人，距今已经有5万年的历史了。

人类发展到距今1万年的新石器时代，生产工具有了进步，这个时期的不少石造工具，周身被打磨得十分光滑，石器口呈对称的曲线形，而且很锋利，它们已经具有了经过加工的比较完整的造型。随着人类生活的定居和火的广泛应用，在距今五千年的新石器时代后期，逐渐产生了陶器。在我国出土的这个时期大量的陶器中，可以看到在造型简单的盆、碗、杯、罐上已经有了各种装饰纹样，人物、动物、植物和几何形的花纹被绘制在陶器上，而且还应用了红、黑、白几种颜色，它们构成了著名的彩陶艺术（图4-1）。无论是旧石器时代山顶洞人的装饰品，还是新石器时代的石器和彩陶，都说明了人类通过劳动，不但生产了物质财富，同时也生产了精神财富，创造了美的造型，美的图案，发展了对色彩的认识与应用，而且还在这个过程中培养了人类自身的审美趣味和观念，对后来建筑装饰产生了巨大的影响。

就造型文化而言，原始社会祭祀性质的建筑最具代表性。在近年的考古工作中，祭坛和神庙在各地原始社会文化遗址中不断被发现。如：在浙江余杭县（今余杭区）瑶山和汇观山用土筑的长方坛；在内蒙古大青山和辽宁喀左县东山嘴的三座祭坛则是用石块堆成的方坛和圆坛。这些祭坛都位于远离居住区的山丘上，说明它们的使用并不限于某个小范围的居住点，而可能是一些部落群所共用。推测所祭祀的对象是天地之神、农神等。最古老的神庙遗址发现于辽宁西部的建平境内。这座神庙建于山后顶部，由多重空间组合，庙内设有成组的神像。从残留像块中考古学家发现，主像比真人大一倍，非主像和真人一样大，塑像逼真，手法写实，有相当高的技艺水平。神庙的房屋是在基址上开挖成平坦的室内地面后，再用木骨泥墙的构筑方法建造壁体和屋盖。在神庙的室内已用彩画和线脚装饰墙面，彩画是在压平后烧烤过的泥面上，用红色和白色描绘的几何图案。

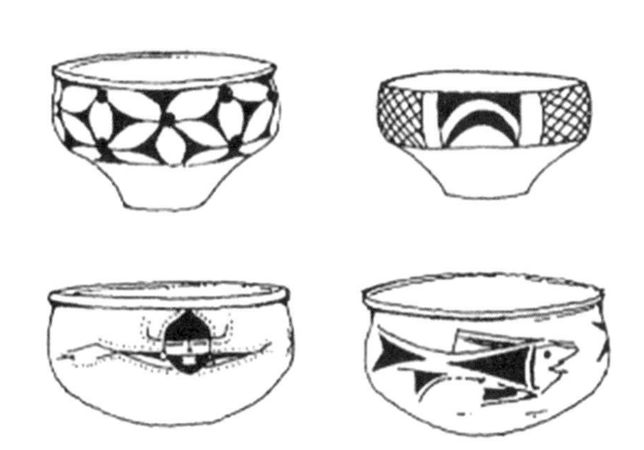

图4-1　原始社会彩陶装饰纹样

各种资料显示，原始社会已拉开人类建筑及装饰活动的序幕，随着社会的发展而不断发展完善。夏朝的建立标志着中国奴隶社会的诞生。从夏朝起经商朝、西周达到奴隶社会的鼎盛时期。

4.1.2　夏、商、周的建筑装饰

4.1.2.1　夏、商、周的社会及建筑

（1）夏（公元前2070年至公元前1600年）

夏朝的活动区域主要是黄河中下游一带，而中心在河南西北部与山西西南部。根据文献，夏朝已开始使用铜器，并且有规则地使用土地，天文历法知识也逐渐积累起来，人们不再消极地适应自然，而是积极地整治河道，防止洪水，挖掘沟洫，进行灌溉，以保障生命安全、农业丰收和扩大生产活动范围。

据文献记载，夏朝曾修建了城郭沟池，建立军队，制订刑法，修造监狱，保护奴隶主贵族的利益；同时又修筑宫室台榭，奢侈享乐。

在目前已发现的文化遗址中，何为夏朝的遗存，因无文字资料可考，很难确认。

（2）商（公元前1600年至公元前1046年）

商朝进一步发展了奴隶制。它以河南中部及北部的黄河两岸一带为中心，东达山东，南达湖北，北达河北，西达陕西，建立了一个具有相当文化奴隶制国家。商朝已普遍使用青铜器，铜业已很发达。随着生产工具的进步及大量奴隶劳动的集中，建筑技术水平有了明显提高。

河南郑州一带曾是商朝中期一个重要城市，经过部分发掘，发现若干居住和铜器、陶器、骨器等作坊遗址。近年，在河南偃师二里头发现了被认为可能是商初成汤都城——西亳的宫殿遗址。现存面积190余万平方米，大致呈长方形，经发掘勘测，墙体厚16~25m，残高2m以下，夯筑，已探明城门7座，道路11条，还有排水设施残迹。其南部有3座小城，居中一座为方形，各边长200余米，夯土墙厚至2m，城中有宫殿基址，周围分存着多处建筑遗迹。这组建筑遗址是至今发现的我国最早的规模较大的木架夯土建筑和庭院实例（图4-2）。

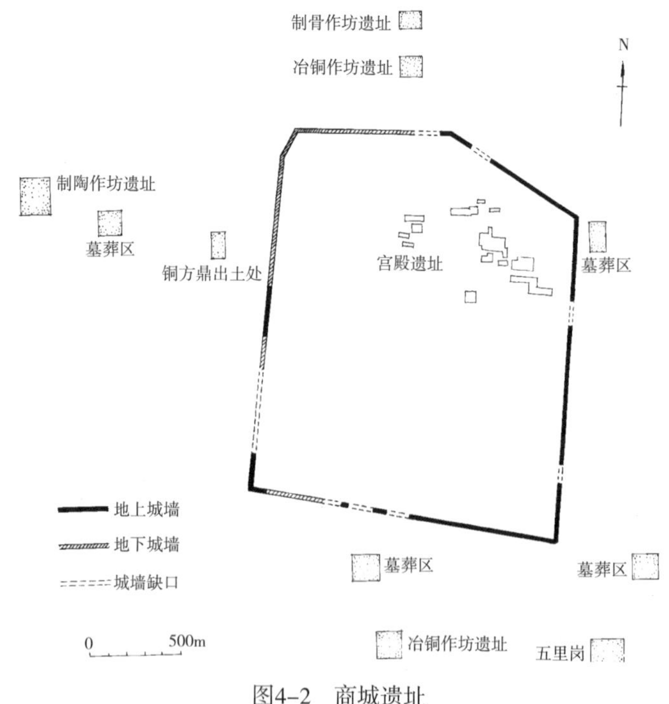

图4-2 商城遗址

（3）西周（公元前1046年至公元前771年）

周灭商后，为了加强政治、军事统治，在奴隶主内部规定了严格的等级，今称为“周礼”。其建筑也要按着等级建造，否则就是“僭越”。而今西周的都城丰、镐、洛邑王城，遗址已无存。考古发现今陕西扶风、岐山一带的周原地区，是周人灭商之前的“岐邑”。周文王、武王虽然迁都丰、镐，但周原一带仍是重要的政治中心。

西周最具代表性的建筑遗址有山西岐山凤雏村甲组建筑遗址。建筑坐北朝南，面积1469m^2，是一座高台建筑。建筑分前后两进院落，沿中轴线自南而北布置了广场、照壁、门道及其左右的塾、前院、向南敞开的堂、南北向的中廊和分为数间的室（又称寝）。中廊左右各有一个小院，室的左右各设后门。建筑附有设排水设施。建筑屋顶主要覆以芦苇和草拌泥，屋脊、檐口和天沟等部分地方已使用了瓦。

西周在建筑材料上有了重大的进步，出现了瓦，从而使建筑脱离了“茅茨土阶”的简陋状态进入到比较高级的阶段。在风雏的建筑遗址中还发现了再夯土或坯墙上用三合土做的抹面（白灰+砂+黄泥），表面平整光洁。青铜器上留有的柱头和坐斗的形象，说明当时木架技术已有较大进步。

4.1.2.2 夏、商、周的建筑装饰艺术

夏朝是我国历史上第一个有阶级差别的奴隶制国家，虽然政治、经济、文化等都很原始和落后。但在建筑结构、材料等方面比原始社会要进步一些，是建筑装饰从无到有的过程。

商朝处于奴隶制上升时期，在当时制铜业已相当发达，现留有成千上万件兵器、礼器、生活用品、工具、车马具等，形制精美，花纹繁密而厚重（图4-3）。在建筑遗址中，在基址的石础上留有盘状铜盘、铜桢，隐约可看出盘面上具有云雷纹。这些铜桢垫在柱脚下起着取平、防潮和装饰三重作用。根据当时的甲骨文记载和现存的某些青铜器，可推知当时室内满铺地席，人们坐于席上，家具有床、案、俎和置酒器的“禁”，实在是后世床、案、箱、柜的雏形。当时人们已经知道用油漆涂抹家具，初步掌握了漆器工艺。并且开始用雕刻来美化家具（图4-4）。

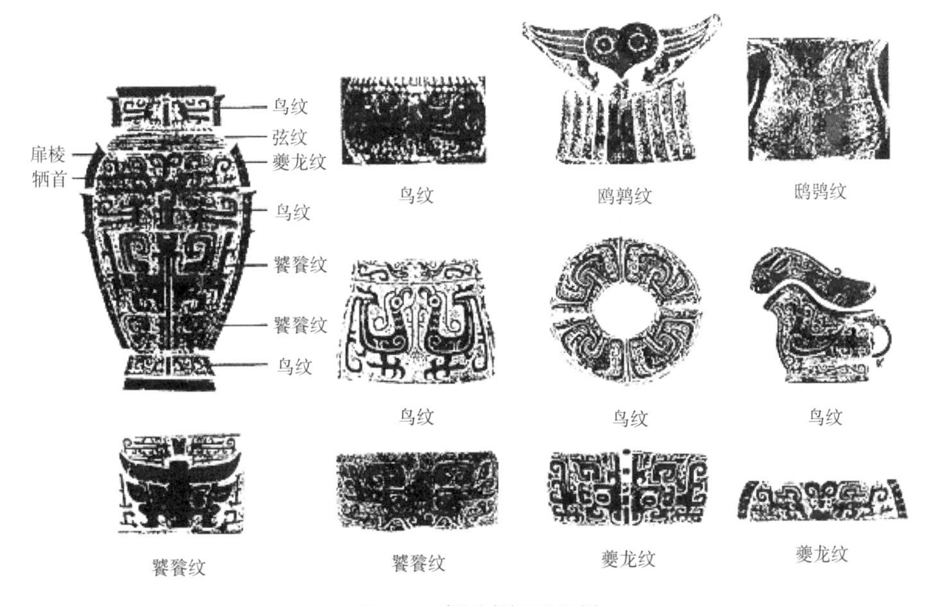

图4-3 商周青铜器纹样

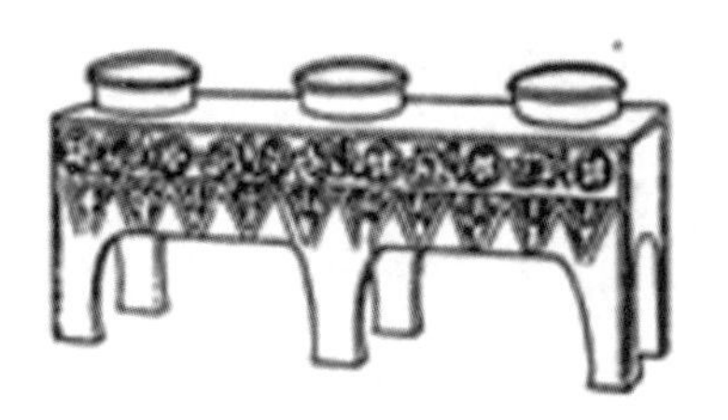

图4-4 商周家具图样

周朝公元前11世纪灭商后，沿袭并发展了商的建筑及装饰，在建筑材料上，出现了板瓦、筒瓦、人字形断面的脊瓦和圆形瓦钉。瓦的出现解决了屋顶的防水问题，更进一步促进中国建筑的发展，东周时的瓦当，表面塑造着饕餮纹、涡纹、卷云纹、铺首纹等美丽纹饰（图4-5），同时也反映出神权、族权和政权统一的特点和等级分明的宗法制度。

图4-5 东周瓦当

4.1.3 春秋战国的建筑装饰

4.1.3.1 春秋战国时期的社会及建筑装饰

春秋时期，封建生产关系开始出现，随之手工业和商业也得到相应的发展，相传著名木匠公输班（鲁班），就是春秋时期涌现的匠师。春秋时期，建筑上的发展是瓦的普遍使用和作为诸侯宫室用的高台建筑（或称台榭）的出现（图4-6）。春秋时期，各诸侯国出于政治、军事统治和生活享乐的需要，建造了大量高台宫室（一般是在城内夯筑高数米至10多米的土台若干座，上面建殿堂屋宇）。如侯马晋故都新田遗址中的夯土台，尺寸75m×75m，高7m多，高台上的木架建筑已不存在。随着诸侯日益追求宫室华丽，建筑装饰和色彩更为发展，如《论语》描述的“山节藻棁”（斗上画山，梁上短柱画藻文），《左传》记载鲁庄公“丹楹”（红柱）、“刻桷”（刻椽），就是例证。

春秋战国时期，社会生产力的进一步提高和生产关系的变革结束了奴隶社会，促进了封建经济的发展。春秋以前，城市仅作为奴隶主诸侯的统治据点而存在，手工业主要为奴隶主贵族服务，商业不发达，城市规模小。战国时手工业商业发展，城市繁荣，规模日益扩大，出现了一个城市建筑的高潮。据记载，齐国的临淄、赵国的邯郸、魏国的大梁，都是工商业大城市，又是诸侯统治的据点。据记载，当时临淄的居民达到7万户，街道上车轴相击，人肩相摩，热闹非凡（《史记·素琴传》）。根据考古发掘得知，战国是齐故都临淄城南北长约5km，东西宽约4km，大城内散布着冶铁、铸铁、制骨等作坊以及纵横的街道。大城西南角有小城，其中夯土台高达14m，周围也有作坊多处。

图4-6　战国时期的瓦当、瓦钉

春秋墓均为小型古墓，一般为竖穴坑墓，内有随葬的青铜礼器和殉葬的牲畜。战国时期的陵墓除有地下墓室外，还有地面垒坟、植树，建造有纪念性质的享堂或殿堂。目前已发现的战国墓有：河南辉县顾围村魏国王王墓群以及自成系统的战国楚墓。出土的雕花板和其他纹样的构图相当秀丽，线条也趋于流畅（图4-7）。

图4-7　战国时期装饰纹样

4.1.3.2 春秋战国时期制作家具

春秋战国时期制作家具的斧、锯、锥、凿的应用，促使木架建筑施工质量和结构技术大为提高。建筑构架中的燕尾榫、凹凸榫、插肩榫工艺也用于家具制作。随着手工业的发展，在木质家具的表面进行漆绘的工艺已达到相当高的水平。

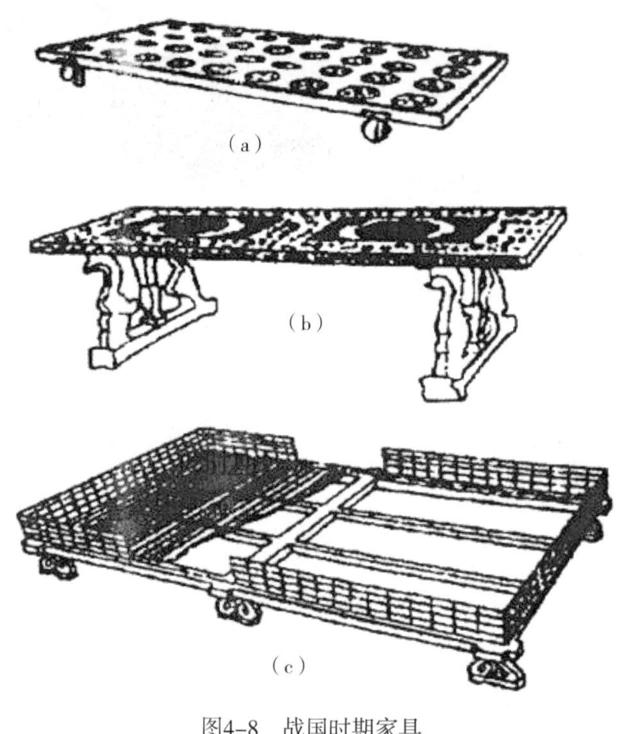

图4-8 战国时期家具

（a）战国食案 （b）战国书案 （c）战国大床

4.2 秦汉时期的建筑装饰

4.2.1 社会及建筑概况

秦朝（公元前221年至公元前206年），是我国历史上第一个中央集权的封建大帝国，它的历史虽然只有短短的十几年，但很多措施给予后代深远的影响。秦始皇在统一全国后，大力改革政治、经济、文化，统一政令，统一货币和度量衡，统一文字，修筑驰道，通行全国。为满足穷奢极欲的生活，集中了全国人力、物力与六国的技术，用很短的时间在咸阳附近修建了规模巨大的宫苑、陵墓，历史上著名的阿房宫、骊山陵，至今遗址犹存。

西汉（公元前206年至公元25年）的疆域比秦朝更大，开辟了通往西域的中西贸易往来和文化交流的通道。经济发展，城市繁荣，确立了礼制。其城市及宫殿苑囿更加巨大华美，陵墓规模更加宏大。在工程技术方面，建筑的平面和外观日趋复杂，高台建筑日益减少，楼阁建筑逐步增加，并且大量使用斗拱。出现了抬梁式、穿斗式和井干式三种成熟的结构形式。木椁墓逐渐减少，而空心砖墓、砖券墓、石板墓和崖墓等不断增多，可以看出当时砖石结构技术正处于迅速发展的阶段。

东汉（公元25年至220年）建都洛阳，末年，在农民大起义后，东汉灭亡。

秦、汉时期的建筑，除了地下坟墓以外，地上几乎没有留下完整的遗物，可以见到的只有一些屋顶上的瓦、屋身上的金石构件。当时的建筑装饰情况只能靠遗存的文献来推测。以木构架为结构体系的中国古建筑，屋顶的脊瓦、檐瓦等自商周以来，随着工艺水平的提高，更加精美；主要构件如柱、梁、枋等都是露明的，人们在制作它们的时候都进行了美的加工；作为中国古建筑三个组成部分的台基，也成为人们进行艺术加工的重要部位。与外檐装饰相比，内檐装饰也毫不逊色，是我国古代建筑装饰的重要组成部分。

4.2.2　建筑装饰

4.2.2.1　宫殿

秦代都城咸阳位于渭水之滨，因此秦代主要宫殿也分布于关中平原的渭水两岸。公元前350年，秦国迁都咸阳后，就在渭水北岸陆续构建了很多宫室，称咸阳宫。考古发现表明，咸阳宫建筑基本都是高台楼阁式样，殿堂之间有飞阁互相连通。秦灭六国时，秦始皇（公元前247年至公元前210年）曾下令，每攻灭一国，即在咸阳附近修建一座模仿该国宫殿的建筑。于是，渭水北岸，咸阳宫东北，曾有过一组仿六国宫殿的建筑群。

秦代著名的宫殿当数阿房宫，始建于秦始皇三十五年（公元前212年）。据《史记·秦始皇本纪》记载："先作前殿阿房，东西五百步，南北五十丈，上可以坐万人，下可以建五丈旗。"规模之大由此可见。相传当年项羽（公元前232年至公元前202年）入关时，纵火将阿房宫焚毁。但据最新考古成果，阿房宫遗址并未发现大规模焚烧的痕迹。相反，却有很多证据表明，秦朝灭亡时，阿房宫前殿可能还没有建成。

西汉初期曾利用秦朝残留宫室修筑长乐宫，随后又在其西面建未央宫，极尽奢华，作为正式宫殿。未央宫中，温室殿的墙壁用椒涂，取其气味芬芳，然后绘制了美丽的图案，用桂树做珠子，为取暖设火屏风，并且用大鸟的羽毛作帷帐。清凉殿中，用玉石做的床涂着华丽的花纹，用琉璃做帷帐。并且用晶莹剔透的玉盘盛冰以降温消暑。文景时期（公元前179年至公元前141年）增辟北宫供太子居住。武帝时（公元前141年至公元前87年），又在城内北部兴建桂宫、明光宫，并在城西上林苑内营造建章宫。未央宫面积约5km^2，前殿居中，宫门设阙，以北阙为正门。未央宫前殿基址南北约350m、东西约200m，仍属高台建筑。汉代未央宫前殿通常用于举行重大朝会，以东西两厢作为日常视事之所。建章宫属于都城之外的离宫，是宫苑结合，兼有朝会、居住、游乐、观赏等多种功能的一种新型宫殿形式。东汉建都洛阳，先营南宫，后增建北宫，两宫分依都城南北墙，中隔里坊，以三条阁道相连，宫中各有前殿。东汉后期桓帝和灵帝时期（147年至189年）又增筑东、西两宫。长乐宫、未央宫、建章宫被称为“汉三宫”。

4.2.2.2 陵墓

秦始皇开创的陵寝制度对以后历代帝王陵园建筑影响是最大的。秦始皇时，陵园的布局既继承了秦国的陵寝制度，同时又吸收了东方六国陵寝的一些做法，规模更加宏大，设施更加完备。总体上仿照都城宫殿的规划布置，充分体现了中央集权制封建皇权的至高无上。

秦始皇陵是中国历史上最大的陵墓，史称骊山，据历史学家考证，秦始皇陵区位于骊山北麓的前部，范围相当广。陵园在陵区的中部，有内外两重城垣，从平面图上看像一个南北长的回字形。内城的四个角上都建有角楼。陵墓在内城南部，陵墓的地宫接近方形，周围有砖坯砌成的墙。从秦始皇开始帝王的陵园专门设寝，寝殿离坟丘不远，中间有石子路相通。

在陵区里发现了大量分布的陪葬坑、殉葬墓和从葬坑。从陪葬坑里发掘出了珍禽异兽坑和铜车马坑，通体彩绘并装饰有大量的金银，制作相当华丽精美。殉葬墓里的殉葬者有男有女，是被杀戮后一起掩埋的。从葬坑排列密集有序，坑里埋有跪坐的陶俑和马骨，大约是宫廷的马厩和养马的仆役。

秦始皇陵园里最壮观、最引人入胜的莫过于兵马俑了。兵马俑军队象征了秦始皇东征六国的军队和出行的仪仗队，形象地再现了秦始皇扫六合的雄壮景象。据学者介绍，这些兵马俑的制作一般是先按不同的部位分别用陶模翻出胎型，进行黏合，再细细雕塑外部，涂上鲜艳的彩色。这些俑外表的色彩经过几千年的剥蚀大部分已脱落，经过修复还原后，显得十分壮丽和谐。俑的造型因出身、地位、经历的不同而显出不同的特征和表情。它们不仅装束服饰不同，而且神态各异，具有强烈的艺术感染力，堪称中国古代艺术的典范。

西汉继承了秦代陵寝制度并且有所发展。陵园里只有一个重城，陵墓在陵园的中央，坐西朝东。陪葬墓区也在陵墓前方。西汉初期，帝、后在一座陵园内异穴合葬。从文帝开始，帝、后各建一座陵园。到景帝时，在文帝陵旁也建造庙宇。以后这种陵旁边立庙的制度一直延续到西汉末。

汉朝贵族官僚们的坟墓也多垒土为坟，在墓前有一套布置。从阳陵开始，在帝后坟丘的四周筑平面方形的夯土垣墙，每面垣墙的中央各辟一门，门外立双阙。这种围坟丘一周的方形陵园是西汉帝后陵园的通制。陵园旁建寝殿和庙。墓阙示意图如图4-9所示。

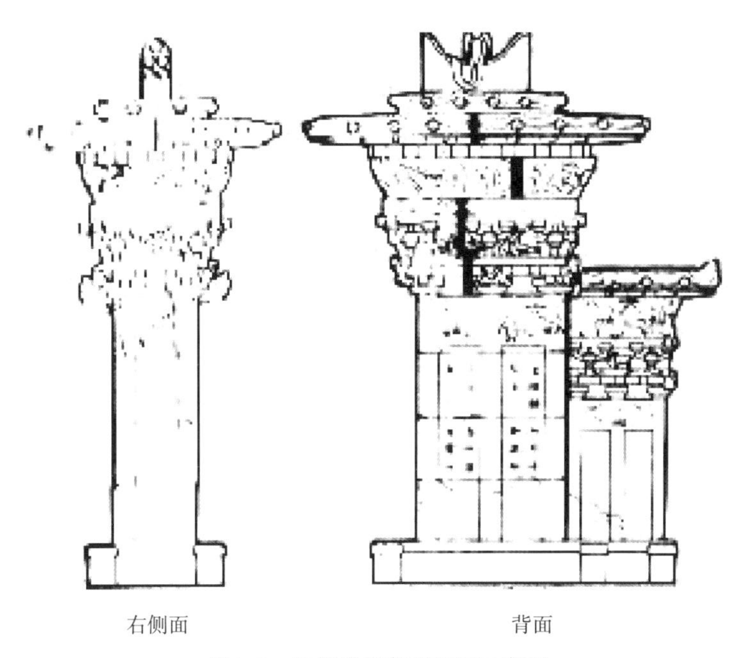

右侧面　　背面

图4-9　四川雅安高颐墓阙示意图

4.2.2.3 住宅

秦、汉建筑在商周已初步形成的某些重要艺术特点基础上发展而来，秦汉的统一促进了中原与吴楚建筑文化的交流，建筑规模更为宏大，组合更为多样。秦、汉建筑艺术总的风格可以用“豪放朴拙”四个字来概括。规模较大的住宅，都是以墙垣构成一个院落，也有两进院落的，形成“日”形布局，中央的建筑较周围的高大，院落的整体外观造型高低错落，变化丰富。

具有重要的建筑造型功能的屋顶，形式丰富多彩，除庑殿顶、悬山顶、囤顶和攒尖顶四种基本形式外，还出现了由悬山顶和周围单庇顶组合而成的歇山顶及由庑殿顶和庇檐组合后发展而成的重檐屋顶。屋脊装饰也不尽相同（图4-10）。

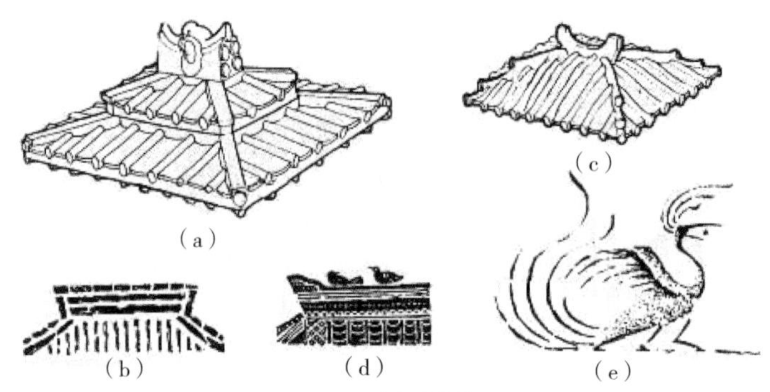

4-10　屋顶装饰

（a）高颐阙屋脊　（b）两城山石刻屋脊
（c）明器屋脊　（d）武梁祠石刻屋顶
（e）四川成都画像砖阙屋脊上凤

斗拱——中国建筑特有的一种结构构件。在立柱和横梁交接处，从柱顶上的一层层探出成弓形的承重结构叫拱，拱与拱之间垫的方形木块叫斗，两者合称斗拱。它除具有结构功能外，同时也是建筑形象的重要组成部分，有极强的装饰效果，根据画像石、画像砖及明器来看，其形式已趋于成熟（图4–11）。

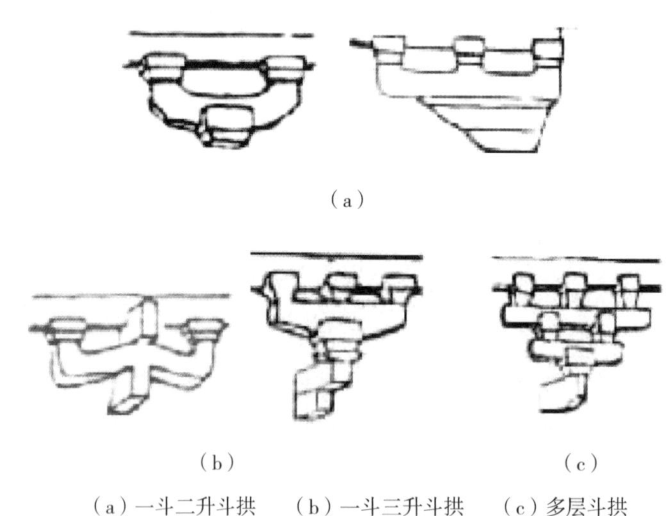

（a）一斗二升斗拱　（b）一斗三升斗拱　（c）多层斗拱

图4–11　汉代斗拱

作为外檐装修重要组成部分的窗子，一般为方形或长方形，造型各异（图4–12）。

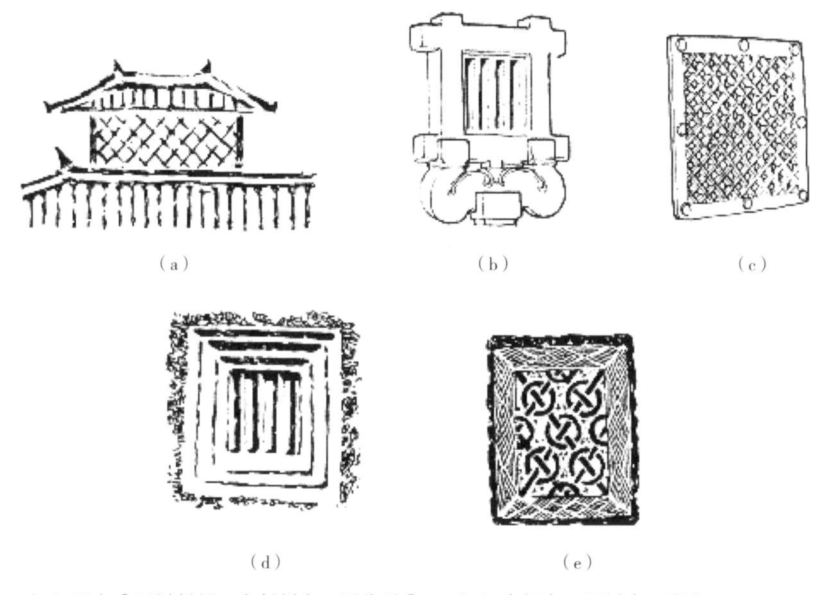

（a）天窗［四川彭县（今彭州市）画像砖］　（b）直棂窗（四川内江崖墓）
（c）窗（汉明器）　（d）直棂窗（徐州汉墓）
（e）锁纹窗（徐州汉墓）

图4–12　汉代建筑中窗式样

这一时期虽然高台建筑已不多见，但房屋下的台基及周围的栏杆都是建筑中的一种极普遍的现象（图4–13）。在住宅建筑中，这个时期的家具已相当丰富，可分为：床榻、几案、茵席、箱柜、屏风等几大类（图4–14）。

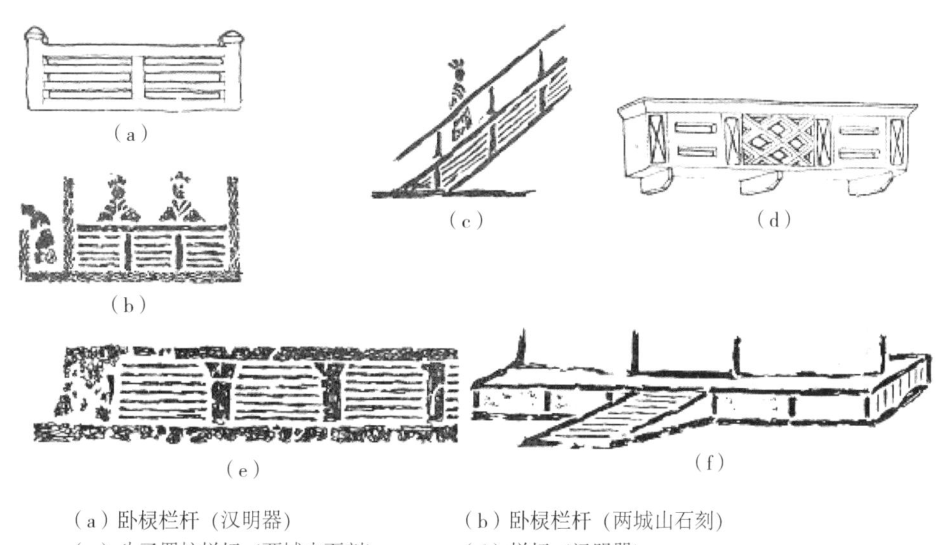

（a）卧棂栏杆（汉明器）　（b）卧棂栏杆（两城山石刻）
（c）斗子蜀柱栏杆（两城山石刻）　（d）栏杆（汉明器）
（e）台基（山东两城山石刻）　（f）台基（四川彭州市画像砖）

图4–13　汉代建筑栏杆、台基

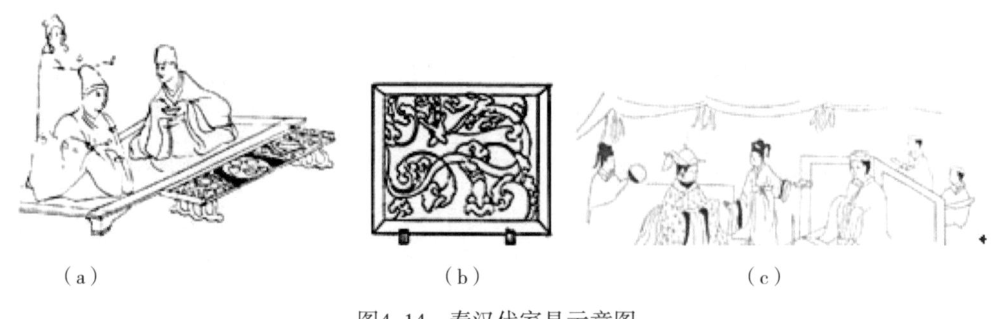

（a）　（b）　（c）

图4-14　秦汉代家具示意图

（a）榻　（b）屏风　（c）带屏风的榻和案

在我国，利用屋顶形式和各种瓦件所产生的装饰作用是中国古建筑装饰的一个突出特征，如前所述，用凤凰及其他动物装饰屋脊的做法已相当普遍。人们常说“秦砖汉瓦”。瓦并不是从汉代才有，这个“秦砖汉瓦”当指秦汉烧砖制瓦技术的高超及精美绝伦（图4-15）。

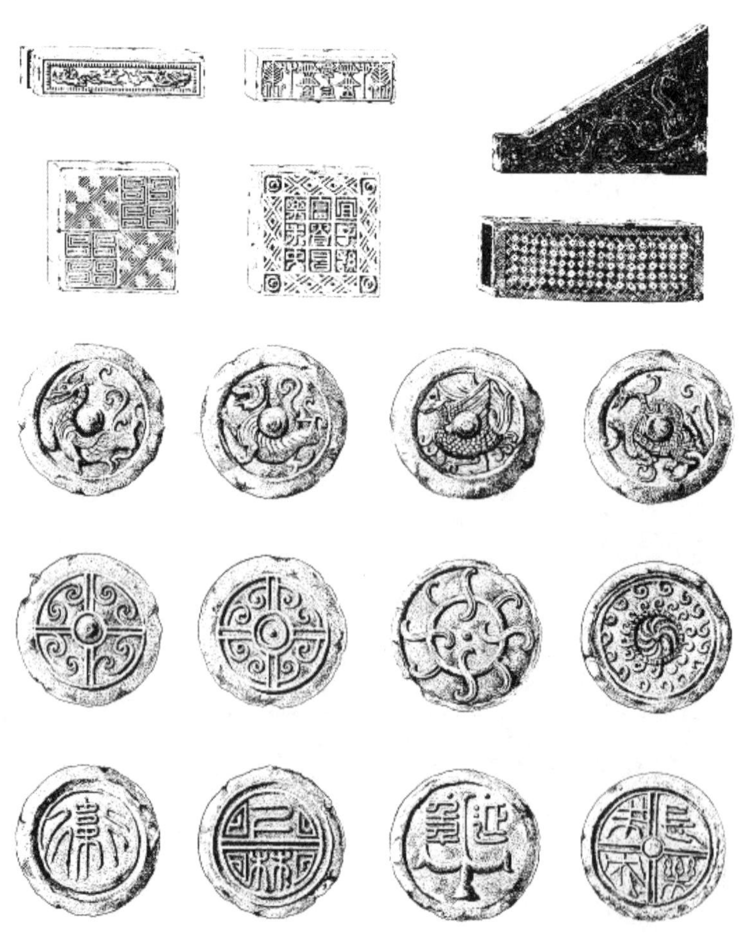

图4-15　秦汉砖瓦纹样

4.2.2.4　造型艺术

壁画有极强的装饰效果，是建筑装饰中重要的组成部分。秦汉时期，随着厚葬风气的兴起及墓室装饰的需要。不仅用于宫廷，而且用于陵墓。宫室壁画由于殿堂的宏巨，一般规模都很大。秦代阿房宫，尽管毁于秦末兵火，我们无法再去审视建筑的本来面目和壁画艺术风貌，但近年来考古发掘阿房宫遗址，发现了壁画残片，证明了“木衣绨绣，土被朱紫”的记载并非虚传。从残存的壁画来看，内容多为歌颂秦朝的文治武功的。表现形式以圆润、豪放自由的线描为主，色彩有黑、蓝、红、黄等色。秦汉时期装饰纹样如图4–16所示。

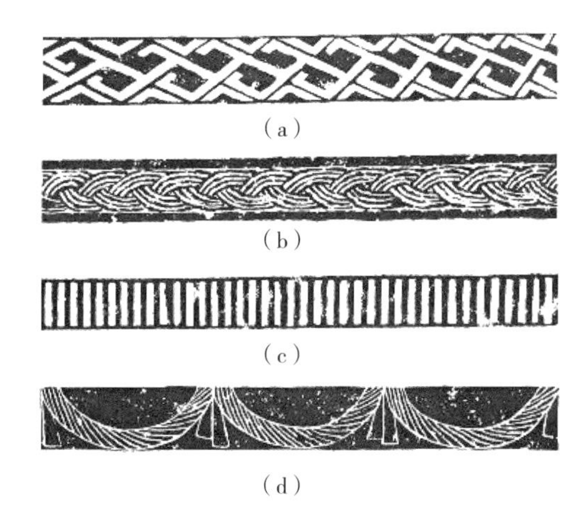

图4–16　秦汉时期装饰纹样

（a）雷纹（河南洛阳出土汉砖）　（b）绳纹（山东嘉祥武氏祠石刻）
（c）直线纹（河南洛阳烧满汉砖）　（d）垂幛纹（山东沂南石墓石刻）
（e）龙（四川麓山王晖墓石棺石刻）　（f）蟠螭纹（四川成都出土画像砖）
（g）卷草（山东嘉祥武氏祠石刻）　（h）卷草（陕西绥德汉墓门框石刻）
（i）卷草（陕西绥德汉墓门楣石刻）

秦汉时期的雕塑以其恢宏的气势和力量将中国雕塑推向了高峰。这一时期的艺术成就主要表现在大型纪念性石雕的出现和标志性明器雕塑的产生，以及工艺性雕塑也达到了较高的水平。秦汉雕塑的巨大气魄和强健精神，为中国雕塑的历史留下了辉煌的一页。

秦始皇兵马俑的发现是极好的佐证。秦兵马俑的雕塑艺术，标志着明器雕塑创作上产生了一个重大飞跃。它规模大，数量多，给人突出的感受是力求逼真，表现物件的写实风格。每个秦俑的形象无雷同，均通过人物动作刻画，各自神态表现得生动传神。注重灵活多样的表现手法，具有强烈的艺术感染力。

"汉承秦制"，汉代明器雕塑的制作形成规范化、制度化，形体上虽不如秦代高大，但表现物件却比秦代丰富。人物的塑造比秦代富于动感，姿态也有了较多的变化，东汉明器雕塑在题材内容、制作材料以及分布地区等方面都有了进一步的扩展，出现了大量形形色色、表现各种生活劳动场景的俑以及楼、坞、堡等模型，在题材内容上更趋于生活化，更真实广泛，具体表现各种生活场景。同时还表现出鲜明的地区特色和民间风貌，如体现巴蜀风情的身背竹篦劳动妇女俑与袒博赤足、抱鼓、眉飞色舞表演的《说唱俑》。

霍去病墓大型石雕群是我国最早的较完整的纪念性雕刻艺术珍品，是西汉时期强盛的国力和积极进取精神的象征。它的艺术特点表现为注重寓意，善于运用象征的手法表现作品的思想内容。在建造上，"为冢似祁连山"，以纪念他的不朽功勋。配置竖石和多种动物雕刻，独创的综合群体成功展示了深山野林猛兽出没的艺术意境，《马踏匈奴》是整组石雕中的象征中心。并巧妙地运用"因势象形"的表现手法和灵活地将圆雕、浮雕、线刻的表现手法综合运用。

4.3 魏晋南北朝时期的建筑装饰

魏晋南北朝时期（220年至581年），社会生产的发展比较缓慢，在建筑上也不及两汉期间有那样多生动的创造和革新。但是，佛教的传入引起了佛教建筑的发展，高层佛塔出现了，并带来了印度、中亚一带的雕刻、绘画艺术，不仅使中国的石窟、佛像、壁画等有了巨大发展，而且也影响到建筑艺术，使汉代比较质朴的建筑风格变得更为成熟、鲜明。

4.3.1 寺庙建筑与石窟艺术

魏晋南北朝时期最突出的建筑类型是佛寺、佛塔和石窟。佛教在东汉初就已传入中国，至南北朝时统治阶级予以大力提倡，兴建了大量的寺院、佛塔和石窟。梁武帝时，建康佛寺达500所，僧尼10万多人。十六国时期，后赵石勒大崇佛教，兴立寺塔。北魏统治者更是不遗余力地崇佛，建都平城（今大同）时，就大兴佛寺，开凿云冈石窟。迁都洛阳后，又在洛阳伊阙开凿龙门石窟。

中国的佛教由印度经西域传入内地，初期佛寺布局与印度相仿，而后佛寺进一步中国化，不仅把中国的庭院式木架建筑使用于佛寺，而且使私家园林也成为佛寺的一部分。

佛塔是为埋藏舍利，供佛徒绕塔礼拜而建，具有圣墓性质。传到中国后，将其缩小成塔刹，和中国东汉已有的各层木构楼阁相结合，形成了中国式的木塔。除木塔外，还发现有石塔和砖塔。

石窟寺是在山崖上开凿出的窟洞型佛寺。自印度佛教传入后，开凿石窟的风气在全国迅速传播开来。最早是在新疆的克孜尔石窟，其次是甘肃敦煌莫高窟，创于366年。以后各地石窟相继出现，其中著名的有山西大同云冈石窟、河南洛阳龙门石窟、山西太原天龙山石窟等。这些石窟中规模最大的佛像都由皇室或贵族、官僚出资修建，窟外还往往建有木建筑加以保护。石窟中所保存下来的历代雕刻与绘画是我国宝贵的古代艺术珍品，壁画、雕刻、前廊和窟檐等方面所表现的建筑形象是我们研究南北朝时期建筑的重要资料。

石窟的布局与外观虽具有地区性，可是从发展来看，大致可分为三个类型。

第一类以魏晋南北朝时代的云冈石窟为代表，云冈石窟位于中国山西省大同市城西约16km的武州（周）山南麓，石窟依山开凿，规模恢宏、气势雄浑，东西绵延约1km，窟区自东而西依自然山势分为东、中、西三区。现存主要洞窟45个，附属洞窟209个，雕刻面积达18000余m^2，造像最高为17m，最小为2cm，佛龛约计1100多个，大小造像51000余尊。这类石窟的主要特点是窟内主像特大为圆雕，上有火焰形佛光，洞顶及壁面有浮雕或壁画作装饰。

第二类以洛阳龙门石窟为代表，雕琢年代大约从493年开始，属于云冈石窟的继续。其中以第5至8窟与莫高窟为典范。一般平面多采用方形，规模较北魏五大窟略大，具有前后两室，或石窟中央设一巨大的中心柱，柱上有的雕刻佛像，有的刻成塔的形式。窟顶一般为复斗形、穹隆形或方形、长方形。窟内布满了精湛的雕像或壁画。佛和菩萨的造像比例匀称，体态优美，神情生动，服饰华丽，都是云冈石窟不能相比的，而且随着中国南北文化的融合，佛教艺术与中国民族传统艺术融合，雕塑及绘画出现了新风尚。佛的面相清癯秀美，嘴角微翘，脸上洋溢古拙而恬静的微笑，在华丽背光的映衬下，显得仪态端庄，雍容安详，其他雕像也是瘦身秀面，脖颈细长，服饰繁杂华丽，神采潇洒飘逸。在布局上，由于窟内主像不过分高大与其他佛像配合，宾主分明，达到恰当的地步，因而内部空间显得宽阔。窟的外部多雕有火焰形券面装饰的门，在门上有小窗。

第三类以5世纪末开凿的云岗第九、第十两窟为典型代表。石窟外部两室正面雕有两个大柱，如三开间房屋形式。后出现的麦积山石窟，南北响堂删石窟及天龙山石窟等均采用了这种形式。即石窟前部雕有柱廊，使整个石窟外貌呈现着木构殿廊的形式。窟内使用覆斗形天花。壁面上分布着丛密的雕像，在像外出于装饰目的加了各种形式的龛。概括的看，石窟为后世留下了极其丰富的建筑装饰纹样。除中华民族传统的纹样外，随佛教的传入出现了印度、波斯和希腊的装饰，如火焰纹、莲花纹、卷草纹、璎珞纹、飞天狮子纹、金翅鸟纹等。这些装饰纹样不仅用于建筑，在后期还应用于工艺美术方面，特别是莲花纹（图4–17）、卷草纹和火焰纹的应用范围最为广泛。

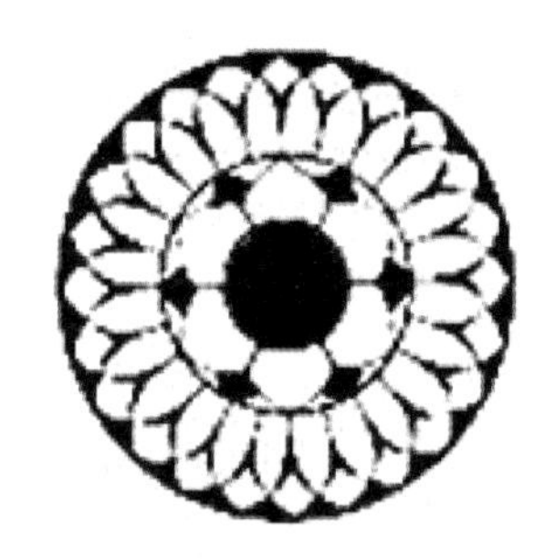

图4–17　南北朝莲花装饰纹样

总的来看，现存这一时期的建筑和装饰风格，最初是茁壮、粗犷、微带稚气，后期呈现雄浑而带巧丽，刚劲而带柔和的倾向。它是我国建筑及装饰在形成过程中一个生机勃勃的发展阶段。

4.3.2　住宅、家具及工艺美术

北魏和东魏时期贵族住宅的正门，往往用庑殿式屋顶，正脊两端有鸱尾作装饰，围墙内有围绕着庭院的走廊，墙上有成排的直棂窗。一般贵族官僚的宅院都很大，由若干的厅堂、庭院回廊组成。在室内地面铺席而坐，也有在台基上施短柱与枋，在构成的木架上铺板与席，墙上多装直棂窗，悬挂竹帘与帷幕。在房屋的后部往往建有园林。

由于民族大融合，室内家具发生了重大的变化。概括的看，家具普遍升高，虽然仍保留席坐的习俗，但高坐具如椅子、方凳、圆凳、束腰形圆凳已由胡人传入，床已增高，下部用壶门作装饰，屏风也由几摺发展为多牒式。这些新家具对当时人们的起居习惯与室内的空间处理产生了一定影响，成为唐以后逐步废止床榻和席地而坐的前奏（图4–18）。染织工艺在前代的基础上，织物品种增多，除丝锦之外，毛纺、麻织也发展起来，印染方法有蜡缬、绞缬，图样有蓝地白点连珠纹、梅花纹、红地白色六角形小花、天蓝色冰裂纹等。陶瓷工艺有重大发展，除南方的青瓷、黑瓷外，北方的白瓷烧制成功。陶瓷中出现釉彩装饰的釉陶。

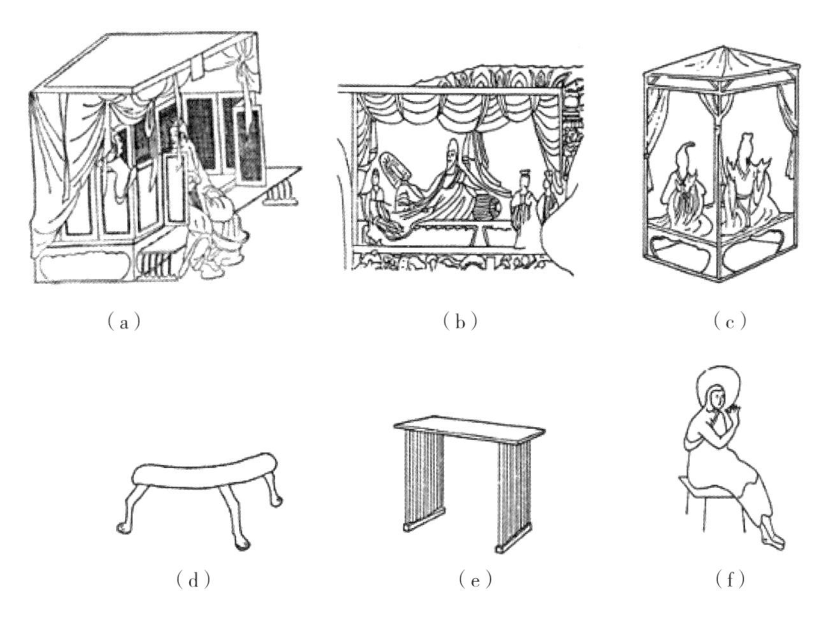

图4-18　魏晋南北朝时期的家具

（a）榻　（b）隐囊　（c）斗帐小榻　（d）漆曲凭几　（e）高几　（f）方凳

4.4　隋唐时期的建筑装饰

隋唐时期的建筑装饰，既继承了前代成就，又融合了外来影响，成为一个独立而完整的建筑装饰体系，将中国古代建筑装饰发展到了成熟阶段，并远播影响了朝鲜、日本。

隋朝虽然是一个不足四十年的短命王朝，但在建筑装饰上颇有作为。它修建了都城大兴城，营造了东都洛阳，经营了长江下游的江都（扬州）。开凿了南起余杭（杭州），北达涿郡（北京），东始江都，西抵长安（西安），长约2500km的大运河。还动用百万人力，修筑万里长城。炀帝大业年间（605—618），名匠李春在现今河北赵县修建了一座世界上最早的敞肩券大石桥—安济桥。

唐代前期，经过一百多年的稳定发展，经济繁荣，国力富强，疆域远拓，于开元年间（714—741）达到鼎盛时期。在首都长安与东都洛阳继续修建规模巨大的宫殿、苑囿、官署。在全国，出现了许多著名地方城、商业和手工业城，如广陵（扬州）、泉州、洪州（南昌）、明州（宁波）、益州（成都）、幽州（北京）、荆州（江陵）、广州等。由于工商业的发展，这些城市的布局出现了许多新的变化。

唐代在都城和地方城镇兴建了大量寺塔、道观，并继承前代续凿石窟佛寺，遗留至今的有著名的五台山佛光寺大殿、南禅寺佛殿、西安慈恩寺大雁塔、荐福寺小雁塔、兴教寺玄奘塔、大理千寻塔，以及一些石窟寺等。在此期间，建筑技术更有新的发展，木构架的材料性能已能被很好地运用，建筑设计中已知运用以“材”为木构架设计的标准，朝廷制订了营缮的法令，设置有掌握绳墨、绘制图样和管理营造的官员。

4.4.1 宫殿、住宅、陵墓

4.4.1.1 宫殿

隋唐建筑的主要成就在皇宫建筑方面。隋唐兴建的长安城是中国古代最宏大的城市，唐代增建的大明宫，特别是其中的含元殿，气势恢宏而高大雄壮，充分体现了大唐盛世的时代精神。此外，隋唐时期还兴建了一系列宗教建筑，以佛塔为主，如玄奘塔、香积寺塔、大雁塔等。

大明宫初建于唐太宗贞观八年（634年），名永安宫，是唐太宗李世民为父亲李渊修建的夏宫。工程未完，李渊已故。遂于贞观九年正月改名大明宫。大明宫的范围很大，东西1.5km，南北2.5km，略呈楔形，共有11座城门。全宫自南端丹凤门起，北达宫内太液池蓬莱山，形成长达数里的中轴线，中轴线上依次排列着宫中的主要建筑：含元殿、宣政殿、紫宸殿，在轴线两侧大体形成对称式布局。全宫分为宫、省两部分，“省”即为衙署，是办公的地方，基本在宣政门一线之南；其北属于帝、后生活区域。

含元殿是大明宫的正殿，殿基高于坡下15m，主殿面阔11间，进深4间，有副阶，坐落于三层大台之上。殿前方左右分峙翔鸾、栖凤二阁，殿两侧为钟鼓二楼，殿、阁、楼之间有飞廊相连，成“凹”字形，是周汉以来“阙”制的发展，且影响了历代宫阙直至明紫禁城的午门。含元殿两侧翔鸾、栖凤二阁之下有倚靠台壁盘旋而上的龙尾道。它表现了中国封建社会鼎盛时期的建筑风格。

4.4.1.2 住宅与家具

隋唐时期的住宅没有实物留存下来。据文献及绘图所知，已有严格的等级差别，但僭越的情况也时有发生，一般贵族宅第的大门有些采用屋头门形式，院内有两座主要房屋之间用具有直棂窗的回廊连接为四合院的，也有房屋布局不完全对称的，可是用回廊组成庭院却是相同的。乡村住宅中，一般不用回廊而以房屋围绕，构成平面狭长的四合院；业余木篱茅屋的简单三合院。

家具方面，席地而坐与使用床榻的习惯依然广泛存在，床榻下部，有些还用壶门作装饰，或者改为简单的托脚，嵌钿及各种装饰工艺已进一步运用到家具上。但另一方面，垂足而坐的习惯在隋唐时期从上层阶级起逐步普及，从五代时期顾闳中所绘的《韩熙载夜宴图》中可以看到，那时已有长桌、方桌、长凳、腰圆凳、扶手椅、靠背椅、圆椅和凹形平面的床等家具（图4-19）。在大型宴会上，出现了多人列坐的长桌及长凳，置于室内后部中央的多折大屏风精美华丽，点缀室内空间，使空间处理和各种装饰开始发生变化，与席地而坐时期室内空间的处理已迥然不同了。此时的家具式样简明、朴素、大方，桌椅的构件有些做成圆形断面，既切合实用，又极具艺术美感。

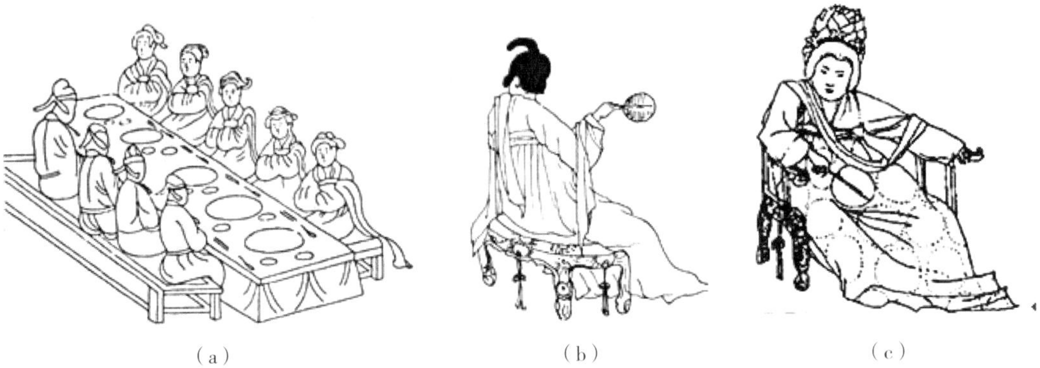

图4-19　隋唐时期家具

（a）长桌长凳　（b）半圆形凳　（c）扶手椅

4.4.1.3　陵墓

唐代陵墓最著名的乾陵位于乾县城以外6km北梁山上，是唐高宗李治和皇后武则天的合葬坟墓，气势雄伟壮观。梁山有三峰，北峰最高，海拔1047.9m，高宗和武则天两帝的合葬墓就在此峰中。南面两峰较低，东西对峙，中间夹着司马道。从乾陵头道门踏上石阶路，走完台阶即是一条平宽的道路直到“唐高宗陵墓”碑，这条道路便是“司马道”。两旁现有华表1对，飞马、朱雀各1对，石马5对，石人10对，石碑2对。东为无字碑，西为述圣记碑。有君王石像60尊，石狮1对，其周围还有17座陪葬墓。

在陪葬墓中永泰公主夫妇墓为其中之一，于1960—1962年发掘，是属封土堆墓，其墓穴是用砖砌的，由墓道、过洞、天井、雨道、墓室构成，全长87.5m。墓道是一条宽约2m的斜坡，进入过洞直至狭窄的雨道，两旁洞墙内有6个小龛，里面放着彩绘陶俑、骑马俑、三彩马及陶瓷器皿等随葬品，造型逼真、工艺精湛。从墓道到墓室还绘有丰富多彩的壁画，有宫廷仪仗队，以及天体图、宫女图等。尤其是墓室中放置的一具石椁，石壁上线刻着15幅画面的仕女人物画，其造型之美，实为罕见。在这些人物中，有的上着披贴、下穿长裙；有的身着男装；有的身穿长褂，腰束锦带，带上缀有荷包；有的脚穿如意鞋；有的身着短袄长裙，或捧壶，或托盘，或弄花，或拱手，或对话等，所有这一切均展现了当时宫廷生活的情景。

隋唐陵墓装饰性的雕塑相当发达，《宫女图》为其中最精彩的一幅，绘于墓前室东壁南侧，共九人。为首一人头梳单刀半翻髻，目视前方，双臂交叉于腹前，挺胸起步前行，姿容华贵高雅。其后一人头梳螺髻，回头似在向其他人吩咐事情。其他7位宫女头梳半翻髻、螺髻或双螺髻，手中分别持有独台、团扇、如意、方盒、高足杯、拂尘、包袱等物，侧身缓行。其中除2位着男式袍衫外，其他7位皆着窄袖袒胸短襦，肩披丝帛，下穿红、黄、绿等色曳地长裙，脚着如意云头履，画面形象生动，似是侍寝的图景。这是古代壁画中一幅难得的优秀作品，它真实地反映了宫廷生活的一个侧面（图4–20）。

图4–20 宫女图

另外，隋唐时代的殿堂及陵墓装饰性的雕塑也相当发达。“昭陵六骏”浮雕就是这个时期的优秀作品。唐太宗李世民陵墓昭陵北面祭坛东西两侧的六块骏马青石浮雕石刻。每块石刻宽约2m、高约1.7m。昭陵六骏造型优美，雕刻线条流畅，刀工精细、圆润，是珍贵的古代石刻艺术珍品。六骏是李世民在唐朝建立前先后骑过的战马，分别名为“拳毛䯄”“什伐赤”“白蹄乌”“特勒骠”“青骓”“飒露紫”。为纪念这六匹战马，李世民令工艺家阎立德和画家阎立本，用浮雕描绘六匹战马列置于陵前。六骏采用高浮雕手法，以简洁的线条，准确的造型，生动传神地表现出战马的体态、性格和战争中身冒箭矢、驰骋疆场的情景。每幅画面都告诉人们一段惊心动魄的历史故事。

4.4.2 寺塔与石窟艺术

佛教在隋唐时期盛极一时，寺塔及石窟是这一时期建筑的一个重要方面。

唐代佛寺在建筑和雕刻、塑像、绘画相结合的方面有了极大的发展。在公元8世纪前期，著名画家吴道子和壁塑家杨惠之以及其他雕塑家对佛教艺术做出了不少贡献。留存至今的唐朝佛教殿堂中较为完整的只有两处，一处为五台山的南禅寺正殿，另一处为五台山佛光寺正殿。

佛光寺建在半山坡上。东、南、北三面环山，西面地势低下开阔。佛光寺因势而建，坐东朝西。全寺有院落三重，分建在梯田式的寺基上。第一层开阔的平台上建有文殊殿，第二层台上建有后代的建筑，最后面为第三层平台，以高峻的挡土墙砌成，上建正殿（图4–21）。

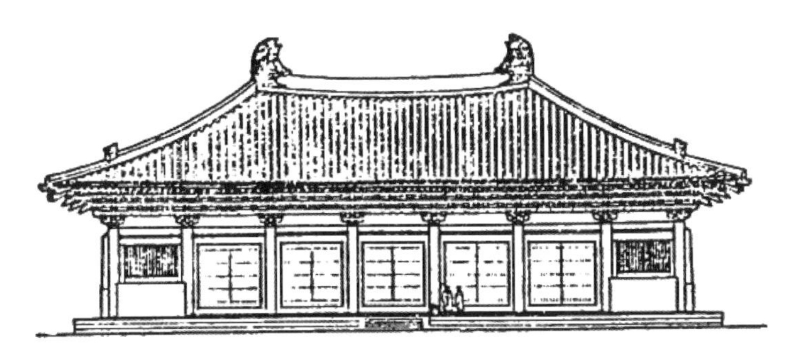

图4-21　山西五台山佛光寺大殿

佛光寺大殿坐东朝西，最东的高地高出前部地面约十二三米。面阔7间，进深4间，单檐庑殿顶，总面积677m^2。大殿外表朴素，柱、额、斗拱、门窗、墙壁全用土红涂刷，未施彩绘。佛殿正面中5间装板门，两尽间则装直棂窗。大殿的梁架分为明栿和草栿两大类，明栿在天花板以下，草栿不用斧斤加工，在天花板以上。天花板都做极小的方格，与日本天平时代（约为唐中叶）的遗构相同，这也是大殿为唐建的例证。平梁上用大叉手而不用侏儒柱，两叉手相交的顶点与令拱相交，令拱承托替木与脊槫，是唐时期建筑特征。

隋唐时期的许多木塔都已不存在了，现存的砖塔有楼阁式塔、单塔、密檐塔三种，塔的平面除极少数例外，全部都是正方形。

隋唐时期留下的楼阁式塔中，有建于唐朝的西安兴教寺玄奘塔、西安积香寺塔、西安大雁塔。

密檐塔的典型有云南大理崇圣寺的千寻塔、河南嵩山的永泰寺塔和法王寺塔等。

云南大理崇圣寺的千寻塔（图4-22）是砖结构密檐塔，檐数多达16层，高69m，是密檐塔中檐数最多的，也是比例最为细高的。塔的造型与唐代其他密檐塔近似，即底层很高，上有多重密檐，全塔中部微凸，上部收分缓和，整体如梭，檐端连成极为柔和的弧线。但千寻塔各层塔檐中部微向下凹，角部微翘；塔底层东为塔门，西开一窗，以上各层依南北、东西方向交错设置券洞和券龛，对于在此以前各密檐塔每层塔身上下直通开券洞的做法有所改进，较有利于抗震，造型上也更有变化。

图4-22　隋唐时期的佛塔（崇圣寺千寻塔）

千寻塔和稍后的左右两座宋朝的小塔成一组，为大理的秀丽湖山增添了不少美色。

4.4.3 工艺美术

唐三彩是一种盛行于唐代的陶器，以黄、白、绿为基本釉色，后来人们习惯地把这类陶器称为"唐三彩"。唐三彩作为传统的文化产品和工艺美术品，它吸取了中国国画、雕塑等工艺美术的特点，采用堆贴、刻画等形式的装饰图案，线条粗犷有力，不仅在中国的陶瓷史上和美术史上有一定的地位，而且它在中外的文化交流上也起到了相当重要的作用。

隋唐时期的染织工艺空前兴盛，织品名称繁多，如：绢、绫、罗、纱、绮、锦，纹样有花卉植物纹、凌阳公样、领主团窠纹。印染方法除蜡缬外，又有夹缬凸版拓印、碱印等。在丝绸之路发现了大量隋唐时期精美的丝织品。

唐代殿堂、陵墓、寺院、住宅等建筑的装饰纹样丰富多彩，最常见的除莲瓣外，窄长花边上常用卷草构成带状花纹，或在卷草纹内杂以人物。这些花纹不但构图饱满，线条也很流畅挺秀。此外还常用回纹、连珠纹、流苏纹、火焰纹及飞仙等富丽饱满的装饰图案（图4-23）。

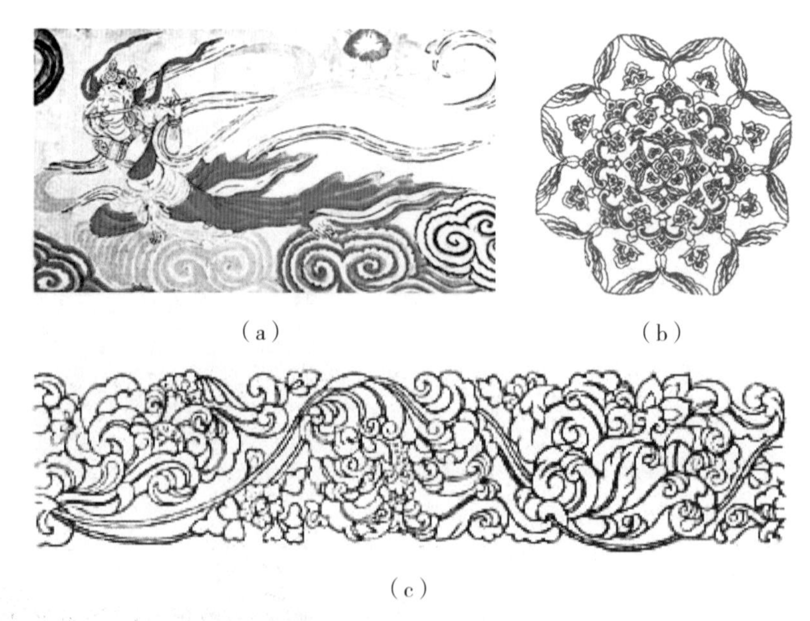

（a）　　（b）

（c）

图4-23　隋唐时期装饰纹样

（a）飞天敦煌327窟　（b）藻井心宝相花图案　（c）壁画中的卷草纹

4.5　五代、宋、辽、金时期的建筑装饰

从晚唐开始，中国又进入三百多年分裂战乱时期，先是梁、唐、晋、汉、周五个朝代的更替和十个地方政权的割据，接着又是宋与辽、金南北对峙，因而中国社会经济遭到巨大的破坏，建筑装饰也从唐代的高峰上跌落下来，再没有长安那么大规模的都城与宫殿了。由于商业、手工业的发展，城市布局、建筑装饰技术与艺术，都有不少提高与突破。譬如城市渐由前代的里坊制演变为临街设店、按行成街的布局。在建筑装饰技术方面，前期的辽代较多继承了唐代的特点，而后期的金代，建筑装饰上则继承辽、宋两朝的特点而有所发展。在建筑装饰艺术方面，自北宋起，就一变唐代宏大雄浑的气势，而向细腻、纤巧方面发展，建筑装饰也更加讲究。

北宋崇宁二年（1103年），朝廷颁布并刊行了《营造法式》。这是一部有关建筑装饰设计和施工的规范书，是一部完善的建筑装饰技术专书。颁刊的目的是为了加强对宫殿、寺庙、官署、府第等官式建筑装饰的管理。书中总结历代以来建筑装饰技术的经验，制定了“以材为祖”的建筑装饰模数制。对建筑装饰的功限、料例作了严密的限定，以作为编制预算和施工组织的准绳。这部书的颁行，反映出中国古代建筑装饰到了宋代，在工程技术与施工管理方面已达到了一个新的历史水平。

在建筑装饰方面，屋顶上或全部覆以琉璃瓦，或用琉璃瓦与青瓦相配合称为剪边式屋顶。在色彩上，黄色、绿色、蓝色使用都很普遍。屋脊装饰更加丰富。这一时期，建筑上大量使用开启的、窗棂条组合极为丰富的门窗，除具有使用功能外，还具有极强的装饰效果。门窗棂格的纹样有构图富丽的三角纹、古钱纹、球纹等。这些式样的门窗，不仅改变了建筑的外貌，而且改善了室内的通风和采光。房屋下部台基及佛座为石刻弥座，构图丰富多彩，雕刻得相当精美。另外，在建筑中大量运用彩画，北宋的彩画已有等级规定，分为三类，有五彩遍装、青绿彩画和土朱刷饰。在这一时期，室外彩画的范围相当广泛，不仅包括梁、额、枋，而且还包括椽、斗拱、柱子等。

另外，在内部装饰方面也有了新的变化和发展。宋代将唐代以前普遍使用的由小方格组成的天花发展为大方格，强调主题空间的藻井，在内部空间分割上已采用格子门。在家具方面，基本上废弃了唐以前席坐时代的低矮尺度，普遍因垂足坐而采用高桌椅，室内空间也相应有所变化。从宋画《清明上河图》中可看到京城汴梁一派繁荣的景象及建筑、建筑装饰、民间家具的一般形式。

此时木作、木构等工艺更加娴熟精湛。从宋画滕王阁和黄鹤楼，可以看出建筑体量与屋顶组合复杂，变化丰富，都要求高水平的设计和施工。辽代遗存山西应县佛宫寺释迦塔，也呈现了当时木作的精湛和工匠们的高超技艺。

4.5.1 城市和宫殿

随着手工业和商业的不断发展，宋、辽、金时期，在全国各地出现了若干中型城市，城市的整体规划与布局也发生了变化。这时期的主要城市有北宋的首都东京（今开封市）和以园林著名的西京（今洛阳市）。南宋的临安（今杭州市），辽的南京与金的中都（都在今北京西南郊），以及扬州、平江（今苏州市）、成都等手工业、商业城市。此外，由于对外贸易的发展，沿海的广州、明州（今宁波市）、泉州等城市也在唐代的基础上进一步繁荣起来。

东京城（今河南省开封市）的布局，基本上继承了隋唐以来的传统，但与隋唐的长安（今陕西省西安市）、洛阳（今河南省洛阳市）又有所不同，它不是在有完整规划和设计下建筑起来的，而是在一个旧城的基础上改建而来的。再加上城市人口的众多，商业经济的空前繁荣，这些对东京城的布局都产生了重大的影响。东京城有三重城垣围护，外城的平面近方形，南北长7.5km，东西长7km，有13座城门和7座水门。城外有著名的“护龙河”的壕沟，宽30多米。内城又名“里城”，里城内有宫城，又名“皇城”。根据史书记载，皇城南北长1090m，东西宽1050m（周围七里余）。建有楼台殿阁，建筑雕梁画栋，飞檐高架，曲尺朵楼，朱栏彩槛，蔚为壮观，气势非凡。城门都是金钉朱漆，壁垣砖石间镌铁龙凤飞云装饰。皇城大致可以分为三个区：南区有枢密院、中书省、宰相议事都堂和颁布诏令、历书的明堂，西有尚书省，内置房舍3000余间；中区是皇帝上朝理政之所，重要的建筑有大庆殿、垂拱殿、崇政殿、皇仪殿、龙图阁、天章阁、集英殿等；北区为后宫，北宋的名臣王安石曾有诗曰：“娇云漠漠护层轩，嫩水溅溅不见源。禁柳万条金细捻，宫花一段锦新翻。”经过考古勘探发现，宫城内前半部的中轴线上有大型的夯土台基，台基正对内城和外城的南门，呈纵贯南北的中轴线。这种由外城、内城、宫城三重城构成的都城布局为元明清都城所仿效，对后世的城市建筑影响很大。

东京城内有汴、蔡等四条河道贯通其间。在这些河上建有各式各样的桥梁。据记载，汴河上有桥13座，其中最著名的是天汉桥和虹桥（图4-24），蔡河上也有桥11座。

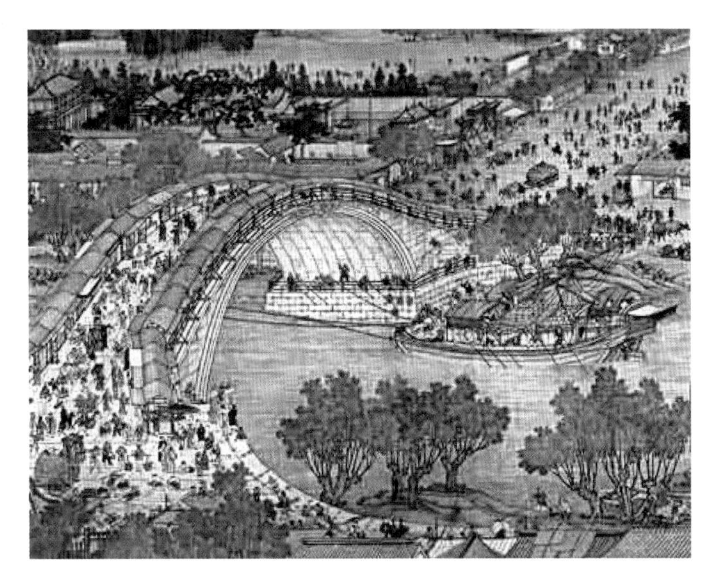

图4–24 《清明上河图》中的虹桥

4.5.2　宗教建筑

这一时期的宗教建筑可以分为佛教、道教、宗祠建筑三个类型。具有代表性的为：山西太原的晋祠圣母庙，河北正定龙兴寺，河北蓟县独乐寺等。

佛教浇筑中，塔刹为一项重要的内容。在这一时期，从材料上看，一般可分为砖塔、石塔和木塔等不同类型。从式样上分有单座塔、密檐式塔和楼阁式塔。从平面来看又分为方形塔、六边形塔、八边形塔等。这一时期重要的塔有：应县佛宫寺释迦塔、江苏苏州报恩寺塔、五代苏州虎丘山云岩寺、内蒙古巴林左旗辽庆州白塔、福建泉州开元寺仁寿塔、河北定县开元寺塔、山西灵丘觉山寺塔等。

山西应县佛宫寺释迦塔（图4–25）建于辽清宁二年（1056年），是以释迦塔为主体的寺院，塔内塑佛像，塔后建佛殿。木塔位于寺南北中轴线上的山门与大殿之间，属于“前塔后殿”的布局。塔建造在4m高的台基上，塔高67.31m，底层直径30.27m，呈平面八角形。第一层立面重檐，以上各层均为单檐，共五层六檐，各层间夹设暗层，实为九层。因底层为重檐并有回廊，故塔的外观为六层屋檐。各层均用内、外两圈木柱支撑，每层外有24根柱子，内有8根，木柱之间使用了许多斜撑、梁、枋和短柱，组成不同方向的复梁式木架。有人计算，整个木塔共用红松木料3000m^3，重约2600多吨，整体比例适当，建筑宏伟，艺术精巧，外形稳重庄严。

该塔身底层南北各开一门，二层以上周设平座栏杆，每层装有木质楼梯，游人逐级攀登，可达顶端。二至五层每层有四门，均设木隔扇，光线充足，出门凭栏远眺，恒岳如屏，桑干似带，尽收眼底，心旷神怡。塔内各层均塑佛像。一层为释迦牟尼，高11m，面目端庄，神态怡然，顶部有精美华丽的藻井，内槽墙壁上画有六幅如来佛像，门洞两侧壁上也绘有金刚、天王、弟子等，壁画色泽鲜艳，人物栩栩如生。二层坛座方形，上塑一佛二菩萨和二胁侍。三层坛座八角形，上塑四方佛。四层塑佛和阿难、迦叶、文殊、普贤像。五层塑毗卢舍那如来佛和人大菩萨。各佛像雕塑精细，各具情态，有较高的艺术价值。

该塔设计为平面八角，外观五层，底层扩出一圈外廊，称为“副阶周匝”，与底屋塔身的屋檐构成重檐，所以共有六重塔檐。每层之下都有一个暗层，所以结构实际上是九层。暗层外观是平座，沿各层平座设栏杆，可以凭栏远眺，身心也随之融合在自然之中。全塔高67.3m，约当底层直径2.2倍，比例相当敦厚，虽高峻而不失凝重。各层塔檐基本平直，角翘十分平缓。平座以其水平方向与各层塔檐协调，与塔身对比；又以其材料、色彩和处理手法与塔檐对比，与塔身协调，是塔檐和塔身的必要过渡。平座、塔身、塔檐重叠而上，区隔分明，交代清晰，强调了节奏，丰富了轮廓线，也增加了横向线条。使高耸的大塔时时回顾大地，稳稳当当地坐落在大地上。底层的重檐处理更加强了全塔的稳定性。塔建成三百多年至元顺帝时，曾经历大地震七日，仍岿然不动。塔内明层都有塑像，头层释迦佛高大肃穆，顶部穹隆藻井给人以高深莫测的感觉。头层内槽壁面有六尊如来画像，比例适度，色彩鲜艳，六尊如来顶部两侧的飞天，更是活泼丰满，神采奕奕，是壁画中少见的佳作。二层由于八面来光，一主佛、两位菩萨和两位协从排列，姿态生动。三层塑四方佛，面向四方。五层塑释迦坐像于中央、八大菩萨分坐八方。利用塔心无暗层的高大空间布置塑像，以增强佛像的庄严，是建筑结构与使用功能设计合理的典范（图4–25）。

图4–25　山西应县佛宫寺释迦塔

经幢是佛教建筑中的一种新的类型，它是7世纪后半叶随着密宗东来而出现的。始建于唐代，一般为八角形石柱上刻经文，用以宣传佛法。到五代、宋辽时期发展达到顶峰。经幢一般安置在通衢大道、寺院等地，也有安放在墓道、墓中、墓旁的。现存宋朝诸幢中，以河北赵县经幢的形体最大，形象华丽，雕刻精美，是典型的代表作品。

图4–26　河北赵县经幢

河北赵县经幢建于北宋景祐五年（1038年），幢高18m，分七级，造型雄伟俊秀。经幢建在一个高1.5m的方形石基上，石基束腰部分刻有“妇女掩门”图案；四角托塔刻金刚力士，形象健壮剽悍。墓基上是八角形束腰式须弥座，雕刻着佛教的八宝：轮、螺、伞、盖、花、罐、鱼、肠法器，以及伎乐、神佛、菩窿、蟋龙等。须弥座之上，为一自然山石，其上托着经幢的六层柱体，每层之间均有华盖相隔。经幢主体呈八角形，一至三层刻陀罗尼经文，行笔遒劲，潇洒流利而又工整严谨，具有较高的书法艺术价值。其余各层刻满了佛教人物、经变故事、狮象等动物、亭台、花卉图案等。幢顶以铜质火焰宝珠为塔刹。经幢整体轮廓庄严秀逸，形如宝塔，故民间俗称“石塔”。此经幢是我国古建筑造型和雕刻艺术相结合的杰作，展现了宋代造型艺术的辉煌成就（图4–26）。

4.5.3　陵墓建筑

北宋皇陵共8座，集中于河南巩县（今巩义市）境内洛河南岸的台地上，在10km的范围内形成了一个很大陵区，对以后明、清两代陵区建设产生了极大的影响。

宋陵的基本形制是：陵本身一般为垒土方锥形台，称为上宫，四周绕以神墙，各墙中央开神门，门外为石狮一对，在南神门外有排列成对的石象生，最南为石望柱和阙台，越过广场前端为阙台形主入口。在上宫的西北建有下宫，作为供奉帝后遗容、遗物和守陵祭祀之用。

宋陵与前朝各代的陵墓建筑有着明显的不同，具有自己的特点：第一，宋陵在形制上大体沿袭唐陵的制度，但宋陵规模较小，因为是在皇帝生前不营建陵墓，而在死后才开始建造，按礼制在思后7个月内即须下葬，因为在选址、选料、建造等方面时间较仓促，因而影响了陵墓的规模。另外，宋陵的形制基本一致，石象生的数目诸陵也出入不大。第二，宋陵明显是根据风水来选择陵址。根据当时流行的风水观念，一反中国古建筑基址逐渐升高而将主体置于最崇高位置的传统做法，都是前高后低，并且朝南而微偏，以崇山少室山为屏障，以山前的两个次峰为门阙。第三，各陵占一定地段，称为兆域，在兆域内布置上宫、下宫和陪葬墓，兆域以荆棘为篱，其范围内遍植柏树，包括上宫的陵台，常绿覆盖。各陵的侍奉人员中传有“柏子户”，专职培育柏树。

宋代工业和商业的发达，致使地主富商们的生活相当奢侈豪华，在陵墓建筑上也有不惜重金，由于建造等级的限制，出现了雕刻精美的民间建筑。到了金代尤甚。以山西侯马董氏砖墓为例，方形平面上为八角形藻井、四壁用砖雕刻出木构架、斗拱和隔扇，极为华丽细致。

4.5.4 住宅与园林

宋代时期继承唐代住宅的做法。一般贵族的宅第用乌头门，作为社会地位的标识。用带直棂窗的回廊绕成庭院。院内房舍不必为对称布局。

宋代住宅形象资料多数来源于绘画，其形式丰富多彩。《清明上河图》中，农村住宅一般比较简陋，雨鞋是墙身很矮的茅屋，有些以茅屋瓦屋相结合，构成一组建筑。城市住宅有门屋、厅堂、廊、庑，形成四合院布局，建筑物的细部如梁架、栏杆、棂隔、悬鱼、惹草等，朴素使用，屋顶多用悬山或歇山顶，但附加引檐、出厦，或转角十字出标，或设天窗、气窗等。种种变化，相当自由。稍大的住宅，外建门屋，内部采取四合院形式，院内莳花植树，户外垂杨流水，很注重绿化和美化。

北宋是贵族官僚的宅第外部还多建乌头门或建门屋，门屋中间一间往往用断砌造，以便车马出入。为增加面积将唐代的回廊代之以廊屋，形成真正的四合院。在官僚贵族的宅第，还普遍地使用斗拱、藻井、门屋及彩绘。

宋代的私家园林随着地区的不同，具有若干不同的风格。北宋洛阳的园林，一般规模较大，具有别墅性质，引水凿池，植花卉竹木。园中垒土为山，建有少数堂亭榭，散布于山池林木间，利用自然环境，采用借景手法，使整个园林更加宏阔，层次丰富多变。江南一带园林，如苏州园林很注重对景，遥相呼应，同时园林中景致较多，盛植牡丹、芍药，并且叠石造山，引水开池，竞为奇峰、峭壁、涧谷、阴洞等。

4.5.5 家具与陈设

宋代以后，中国人的起居方式完成了席地坐转向垂足坐的漫长过程，国人的生活视点由低渐高，变得开阔起来。高型家具成为主流，在使用的同时，人们也越来越重视家具的设计。这是我国家具史上的一次重要转折。

宋代家具种类较多，功能多样，概括来说主要有床、桌、椅、登、高几、长案、柜、衣架、巾架、盒架、镜台等，其均大有讲究。花腿桌：宋代家具的装饰特点之一就是对于腿部的装饰，对桌腿部用心装饰，花样很多，没有定式，因此用“花腿”来概括当时的家具特点。

在宋代开始将房屋建筑的房梁木架结构应用到家具上，大量应用木质木料的可造型、可塑性，并且逐渐开始将硬木使用到家具制作上。宋代是我国家具承前启后的重要发展时期，标志着我国传统家具走向成熟的重要变革也在这一时期出现。这一时期家具结构与建筑结构的趋同，以及梁柱式的框架结构对原先箱形结构的代替，标志着我国传统家具走向成熟，也为明代达到家具制作工艺的巅峰奠定了基础。没有宋代高型家具的设计与制作的经验累积，明式家具的繁荣也就无从谈起（图4–27）。

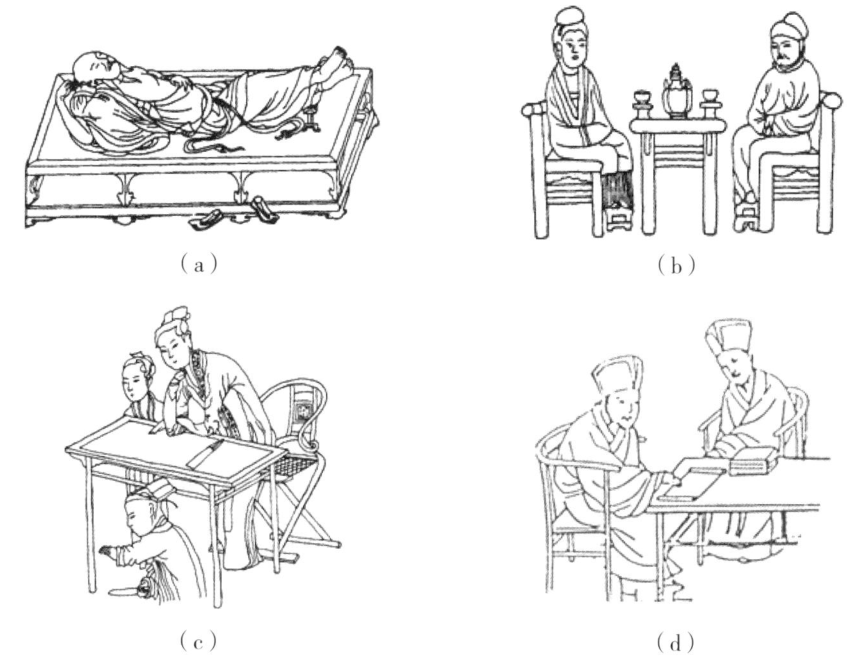

（a）　（b）　（c）　（d）

图4–27　宋、辽、金代时期的家具

（a）罗汉床　（b）桌、椅　（c）长桌、交椅　（d）圈椅

室内布置到宋朝也产生了新的变化。一般厅堂在屏风前面正中置椅子，两侧各有四椅相对，或仅在屏风前置两圆凳，供宾客对坐，在书房或卧室家具一般为不对称式布局。室内装饰方面，出现了成套的精美家具。随着我国绘画艺术的发展，在五代、宋时期的繁荣，室内布画也成为一种时尚。这一时期也是我国陶瓷发展史上的黄金时代，出现了很多艺术水平很高的作品。宋代烧制的瓷器主要有：青瓷、白瓷和黑瓷等。装饰纹样题材丰富，花卉是主要装饰内容。与唐代相比，宋代室内布置风格简洁，更注重实用。

4.6 元、明、清时期的建筑装饰

4.6.1 社会及建筑装饰概况

元朝（1206—1368）由蒙古族建立的中国历史上第一个由少数民族建立的帝国。定都大都（现北京市）。元代建筑承金代建筑，因蒙元统治者建筑工程技术低落，故依赖5个汉人工匠营造。元代建筑特点是粗放不羁，在金代盛用移柱、减柱的基础上，更大胆地减省木构架结构。元代木构多用原木作梁，因此外观粗放。因为蒙古人好白的缘故，元代建筑多用白色琉璃瓦，为时代特色。但这一时期中国经济、文化发展缓慢，建筑发展也基本处于凋敝状态，大部分建筑简单粗糙。元代的建筑处于凋敝状态，但元朝统治者在金中都建造了规模宏大规划完整的都城——大都城。

明朝（1368—1644）开始，中国进入了封建社会晚期。明朝初年为了巩固其统治，政府制定了各种发展生产的措施，如奖励垦荒、扶植工商业、减轻赋税等，社会经济得到迅速发展。此时手工业和商品经济发达、经济繁荣，出现商业集镇和资本主义萌芽。文化艺术呈现世俗化趋势。这一时期的建筑样式上承宋代营造法式的传统，下启清代官修的工程作法，无显著变化，但建筑设计规划以规模宏大、气象雄伟为主要特点。明初的建筑风格，与宋代、元代相近，古朴雄浑，明代中期的建筑风格严谨，而晚明的建筑风格趋向烦琐。

明代建筑沿着中国古代建筑的传统道路继续向前发展，获得了不少新的成就，称为中国古代建筑发展的最后一个高峰，首先在建筑及装饰材料方面，砖已普遍用于民居砌墙。江南一带的“砖细”和砖雕加工已很娴熟。随制砖工艺的发展，出现了屋顶用砖拱砌筑成的建筑，称为梁殿。这种建筑多用作防火建筑，如皇室的档案库，佛寺、道观的藏经楼等。琉璃面砖、琉璃瓦的质量提高了，色彩更加丰富，应用面愈加广泛。琉璃砖被制成了带榫的预制构件，被广泛应用于塔、门、照壁等建筑物。其次在木结构方面，经过元代的简化，到明代形成了新的定型的木构架，斗拱的结构作用减少，梁柱构架的整体性加强，构件卷杀简化。再次，建筑群的布置更加成熟。如十三陵，是善于利用自然环境来造就陵墓肃穆气氛的杰出实例。最后，随着经济文化的发展，江南一带官僚地主的私园发达。

清朝（1616—1911）是中国最后一个封建王朝，这一时期的建筑大体因袭明代传统，但也有发展和创新，建筑物更崇尚工巧华丽。若与明代建筑状况相对比，可以说，清代在园林建筑、藏传佛教建筑、民居建筑三方面有着巨大的成就。同时建筑艺术上更注意总体布局及艺术意境的发挥，尤其在建筑装饰艺术方面更具有划时代表现。所以清代建筑在中国建筑发展史中占有重要的继往开来的地位。我国的建筑发展到元、明、清，已经高度成熟，建筑装修都已定型化，出现了一整套高度成熟的模式。

图4-28　台基

①台基（图4-28）：可分为普通台基和须弥座两大类，须弥座极富装饰效果，一般用于隆重的殿堂。

须弥座是由佛座演变来的，形式与装饰比较复杂，一般多用于宫殿，庙宇等重要建筑物上。最早实例见于北朝石窟，形式简单，发展到元、明、清，装饰纹样已相当繁杂，由上下枋、上下枭、束腰等几部分组成，装饰多用几何或植物纹样。

图4-29　御路石雕

②踏道：踏道可分为四种：阶级形踏步，如意踏步，慢道和斜道（辇道或御路）。斜道（图4-29）开始时为坡度平缓的行车道，到宋代被置于二踏跺之间，发展到元、明、清时，这种斜道也即辇道被雕刻上云龙水浪，其实用功能被装饰化所代替了。

③栏杆（图4-30）：中国古称阑干，也称勾栏，是桥梁和建筑上的安全设施。栏杆在使用中起分隔、导向的作用，使被分割区域边界明确清晰，设计好的栏杆，很具装饰意义。元明清的木栏杆比较纤细，而石栏杆逐渐脱离木制栏杆的形制，趋向厚重。清末以后，西

图4-30　乾清宫前石栏杆

方古典比例、尺度和装饰的栏杆形式进入中国。现代栏杆的材料和造型更为多样。

④柱：柱除结构功能外，就是塔的装饰功能。柱子在很早以前就被涂上油漆，到元、明、清时，一般以朱色柱为主，有时柱子上被绘以彩画或雕刻，如故宫太和殿藻井下的4根盘龙金柱，曲阜孔庙大成殿前的雕龙檐柱。

⑤斗拱、雀替：斗拱和雀替均为我国古建筑中的结构构件，斗拱由方形斗，升和矩形的拱，斜的昂组成，在结构上挑出承重，并将屋面荷载传给柱子。雀替位于梁枋下方与柱相交，结构上可以缩短梁枋净跨距离，在两柱间称为花牙子雀替，在建筑末端，由于开间小，柱间的雀替联为一体，称为骑马雀替。

中国古建筑发展到元、明、清时期，由于普遍使用砖瓦建造房屋，作为结构构件的斗拱和雀替就失去实用意义，称为纯粹的建筑装饰。

中国古代建筑的屋顶对建筑立面起着特别重要的作用。它那远远伸出的屋檐、富有弹性的屋檐曲线、由举架形成的稍有反曲的屋面、微微起翘的屋角（仰视屋角，角椽展开犹如鸟翅，故称“翼角”）以及庑殿、歇山、硬山、悬山、攒尖、平顶、卷棚、单坡等众多屋顶形式的变化，加上灿烂夺目的琉璃瓦，使建筑物产生独特而强烈的视觉效果和艺术感染力。庑殿式屋顶是四面斜坡，有一条正脊和四条斜脊，且四个面都是曲面，又称四阿顶。重檐庑殿顶是古代建筑中最高级的屋顶样式。一般用于皇宫，庙宇中最主要的大殿，可用单檐，特别隆重的用重檐，著名的如北京故宫的太和殿（图4–31）。歇山顶（图4–32）的等级仅次于庑殿顶。它由一条正脊、四条垂脊和四条戗脊组成，故称九脊殿。其特点是把庑殿式屋顶两侧侧面的上半部突然直立起来，形成一个悬山式的墙面。歇山顶常用于宫殿中的次要建筑和住宅园林中，也有单檐、重檐的形式。如北京故宫的保和殿就是重檐歇山顶。

图4–31 北京故宫的太和殿庑殿重檐顶

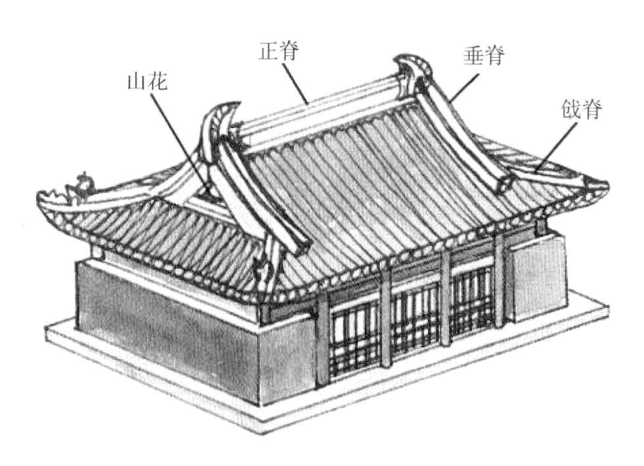

图4-32　歇山顶

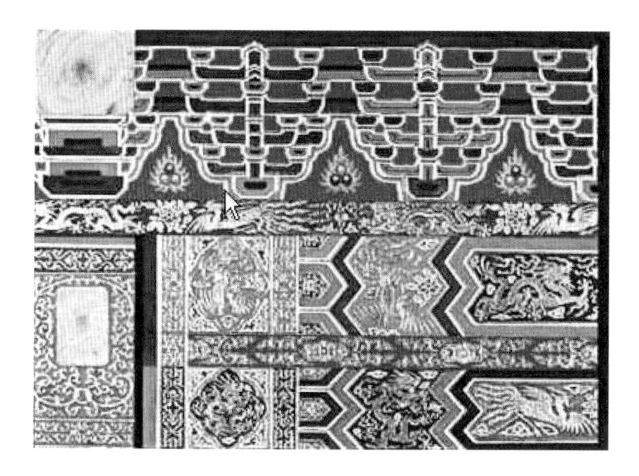

图4-33　寿康宫和玺彩画

⑥彩画：在木构件表面涂油漆，既保护了木材，又起到了很好的装饰作用。元、明、清彩画范围很广，长用的三大类：和玺彩画（图4-33）、旋子彩画（图4-34）、苏式彩画（图4-35）。

彩画步骤：先将表面打磨平整—打谱—沥粉—上色起晕—沥粉上涂胶，再刷帖金焦油，贴上金箔—勾线。

和玺彩画又称宫殿建筑彩画，这种建筑彩画在清代是一种最高等级的彩画，大多画在宫殿建筑上或与皇家有关的建筑上。和玺彩画根据建筑的规模、等级与使用功能的需要，分为金龙和玺、金凤和玺、龙凤和玺、龙草和玺和苏画和玺五种。它们是根据所绘制的彩画内容而定名。全画龙图案的为金龙和玺彩画，一般应用在宫

图4-34　旋子彩画

图4-35　苏式彩画

殿中轴的主要建筑上。如故宫三大殿，以表示“真龙天子”至高无上的意思。画金凤凰图案的为金凤和玺彩画，一般多用在与皇家有关的如地坛、月坛等建筑上。龙凤图案相间的为龙凤和玺彩画，一般画在皇帝与皇后皇妃们居住的寝宫建筑上，以表示龙凤呈祥的意思。画龙草相间图案的为龙草和玺彩画，用于皇帝敕建的寺庙中轴建筑上。画人物山水、花鸟鱼虫的为苏画和玺彩画，用于皇家游览场所的建筑上，代表园林风格。

旋子彩画等级仅次于和玺彩画，最早出现于元代，明初即基本定型，清代进一步程式化，是明清官式建筑中运用最为广泛的彩画类型。旋子采画又俗称“学子”“蜈蚣圈”，其最大的特点是在藻头内使用了带卷涡纹的花瓣，即所谓旋子。

苏式彩画源于江南苏杭地区民间传统做法，故俗称“苏州片”。一般用于园林中的小型建筑，如亭、台、廊、榭以及四合院住宅、垂花门的额枋上。紫禁城内苏式彩画多用于花园、内廷等处，大多为乾隆、同治或光绪时期的作品。慈禧太后对苏画特别偏爱，将其居住过的宁寿宫等处彩画均改作苏式，某种程度上破坏了建筑原有的统一风格。近年，故宫博物院根据档案记载逐步恢复了彩画原状。

⑦门、窗的装饰：古建筑的门窗是内外装饰的重要内容，门主要有两种类型：版门和隔扇门。

图4-36　门钉及门环

版门一般用于建筑大门，由边框、上下框、上下槛、横格和门心板组成。高级的门涂朱后钉上门钉，纵向11、9、7、5路钉法。此外还要在门上置铺首及门环（图4-36）。

隔扇门（图4-37），一般作为建筑的外门或内部隔断，整排使用，通常为四扇、六扇和八扇。隔扇主要由隔心、绦环板、裙板三部分组成。去掉下面裙板部分做窗，称为隔扇窗（图4-38）。

⑧罩、天花、藻井：罩、天花、藻井均为古建筑中的室内装修部分。

罩在室内起隔断和装饰的双重作用，既分隔了空间，又丰富了层次，隔而不断。按照罩的不同通透程度可分为：几腿罩、花罩、落地花罩、栏杆罩、落地罩、圆光罩、太师壁、炕罩等。

天花是中国传统建筑中顶棚上的一种装饰处理。为了不露出建筑的构架，常在梁下用枋组成木框，在木框间放木板，板下施彩绘或贴以有彩色图案的纸；天花图案很丰富，色彩鲜艳。藻井是一种高级的天花，一般用在殿堂明间的正中，如帝王御座之上，神佛像座之上，形式有方，矩形，八角，圆形，斗四，斗八等（图4-39）。

图4-37　隔扇门

图4-38　隔扇窗

图4-39　天花

图4-40　北京故宫太和殿藻井

4.6.2　都城及宫殿

元大都位于金中都旧城东北。至元四年（1267年）开始动工，历时二十余年，完成宫城、宫殿、皇城、都城、王府等工程的建造，形成新一代帝都。但是，由于至元二十二年（1285年）诏令规定，迁入大都新城必须以富有者和任官职者为先，结果大量平民百姓只得依旧留在中都旧城。在当时人的心目中旧城仍是重要的，通常把新、旧城并称为“南北二城”，二城分别设有居民坊七十五处及六十二处。

大都新城的平面呈长方形，周长28.6km，面积约50km^2，相当于唐长安城面积的3/5，接近宋东京的面积。元大都道路规划整齐、泾渭分明。考古发掘证实，大都中轴线上的大街宽度为28m，其他主要街道宽度为25m，小街宽度为大街的一半，火巷（胡同）宽度大致是小街的一半。城墙用土夯筑而成，外表覆以苇帘。由于城市轮廓方整，街道砥直规则，使城市格局显得格外壮观。

明朝灭元后，将大都城改称北平，1403年，明成祖朱棣即位后，为了北御匈奴，将首都由南京迁往北平，更名为北京。明朝的都城北京城就是在元大都的基础上改建和扩建的。明嘉靖年间，即1553年，为了加强京城的防卫和保护城南的手工业和商业区，又在城的南面加筑一个外城。外城东西宽7950m，南北长3100m，南面三座门，东西各一座门，北面共五座门，中央三门就是内城的南门，东西两角门直通城外，内城东西6650m，南北5350m，南面三门，东北西各两座门。这些城门都有瓮城，建有城楼和箭楼，内城的东南和西南两个城角上并建有角楼。

明朝北京城的布局以皇城为中心，皇城平面为不规则方形，位于全城南北中轴线上，四面开门，南面的正门即是天安门，在天安门的南面还有一座皇城的前门，明代称为大明门。皇城内的主要建筑史宫殿园苑、庙社、寺观、衙署、仓库、作坊等。

明清北京城的布局，充分体现了中国封建社会都城以宫室为主体的规划思想。北京全城有一条长约7.5km的中轴线贯穿南北，故宫中轴线上的建筑：永定门—箭楼—正阳门—端门—午门—内金水桥—太和门—太和殿—中和殿—保和殿—乾清门—乾清宫—交泰殿—坤宁宫—坤宁门—天一门—钦安殿—承光门—顺贞门—神武门—景山门—万春亭—寿皇门—寿皇殿—地安门桥—鼓楼、钟楼。建筑轴线十五里，是世界之最，也体现洛书的方位常数十五之数。

元朝的宫殿建筑在继承唐宋建筑风格的基础上，又受到喇嘛教和伊斯兰教的影响，再加上游牧生活习惯，出现了前所未有的建筑特色。

在建筑材料方面，使用了许多稀有的贵重材料，如紫檀、楠木和各种色彩的玻璃，在建筑装饰上，主要宫殿用方柱、涂以金红色并绘金龙，墙壁上挂毡毯，毛皮或丝质帷幕，壁画、雕刻充满宫中，多数是喇嘛教题材。

北京故宫是我国现存最宏大、最完整的古建筑群，是明、清两代的皇宫，宫城又称紫禁城。故宫南北长961m，东西宽753m，面积约为72万m^2。宫城周围环绕着高12m，长3400m的宫墙，形式为一长方形城池，墙外有52m宽的护城河环绕，形成一个森严壁垒的城堡。故宫宫殿建筑均是木结构、黄琉璃瓦顶、青白石底座，饰以金碧辉煌的彩画。故宫有4个门，正门名午门，东门名东华门，西门名西华门，北门名神武门。面对北门神武门，有用土、石筑成的景山，满山松柏成林。在整体布局上，景山可说是故宫建筑群的屏障。

故宫的正门叫“午门”，俗称五凤楼。采取门阙合一的形式，形成凹形平面，在高峻雄伟的城座上，建立了一组建筑，下辟门道，气象威猛森严，是献俘、颁诏的地方。紫禁城内，大致分为外朝和内廷两个区。外朝部分是以明称奉天殿、华盖殿、谨身殿三殿为主，这三殿到清朝改称为太和殿、中和殿、保和殿。在三大殿前面有太和门，两侧又有文华和武英两组宫殿。三殿立于高大洁白的汉白玉雕琢的三重须弥座台基之上。

太和殿（明朝称奉天殿、皇极殿），俗称“金銮殿”，太和殿高35.05m，东西63m，南北35m，面积约2380m²。面积是紫禁城诸殿中最大的一座，而且形制也是最高规格，最富丽堂皇的建筑。太和殿是五脊四坡大殿，从东到西有一条长脊，前后各有斜行垂脊两条，这样就构成五脊四坡的屋面，建筑术语上叫庑殿式。檐角有10个走兽（分别为鸱吻、凤、狮子、天马、海马、狻猊、押鱼、獬豸、斗牛、行什），为中国古建筑之特例。大约从14世纪明代起，重檐庑殿是封建王朝宫殿等级最高的形式。太和殿有直径达1m的大柱72根，其中6根围绕御座的是沥粉金漆的蟠龙柱。殿内有沥粉金漆木柱和精致的蟠龙藻井，殿中间是封建皇权的象征——金漆雕龙宝座，设在殿内高2m的台上，安放着金漆雕龙宝座，御座前有造型美观的仙鹤、炉、鼎，背后是雕龙屏。太和殿是故宫中最大的木结构建筑，是故宫最壮观的建筑，也是中国最大的木构殿宇。整个大殿装饰得金碧辉煌，庄严绚丽。太和殿是皇帝举行重大典礼的地方。即皇帝即位、生日、婚礼、春节等都在这里庆祝。

中和殿（明朝称华盖殿、中极殿），位于太和殿后。中和殿高27m，平面呈正方形，面阔、进深各为3间，四面出廊，金砖铺地，建筑面积580m²。黄琉璃瓦单檐四角攒尖顶，正中有鎏金宝顶。四脊顶端聚成尖状，上安铜胎鎏金球形的宝顶，建筑术语上叫四角攒尖式。中和殿是皇帝去太和殿举行大典前稍事休息和演习礼仪的地方。皇帝在去太和殿之前先在此稍作停留，接受内阁大臣和礼部官员行礼，然后进太和殿举行仪式。另外，皇帝祭祀天地和太庙之前，也要先在这里审阅一下写有祭文的“祝版”；再到中南海演耕前，审视一下耕具。

保和殿（明朝称谨身殿、建极殿）在中和殿后。保和殿高29m，平面呈长方形，面阔9间，进深5间，建筑面积1240m²。黄琉璃瓦重檐歇山式屋顶。屋顶正中有一条正脊，前后各有2条垂脊，在各条垂脊下部再斜出一条岔脊，连同正脊、垂脊、岔脊共9条，建筑术语上叫歇山式。保和殿是每年除夕皇帝赐宴外藩王公的场所。保和殿也是科举考试举行殿试的地方。

内廷以乾清宫、交泰殿、坤宁宫后三宫为中心，两翼为养心殿、东、西六宫、斋宫、毓庆宫，后有御花园。是封建帝王与后妃居住之所。内廷东部的宁寿宫是当年乾隆皇帝退位后养老而修建。内廷西部有慈宁宫、寿安宫等。此外还有重华宫、北五所等建筑。

总的来说，作为世界上最大宫殿建筑的北京故宫，在建筑技术、总体布局、建筑装饰、建筑艺术等方面有以下突出特点：

首先，故宫严格地按《周礼・考工记》中“前朝后市，左祖右社”的帝都营建原则建造。整个故宫，在建筑布置上，用形体变化、高低起伏的手法，组合成一个整体。在功能上符合封建社会的等级制度。同时达到左右均衡和形体变化的艺术效果。

其次，强调中轴线和对称布局。和封建社会历代帝王的宫殿一样，集中体现了帝王权利，就其功能而言，物质的功能远不如其精神功能大，为了显示整齐严肃的气氛，主要建筑全部严格对称地布置在中轴线上。

再次，故宫的建筑史以中国传统的建筑形式进行平面布局的，即以建筑围合成院作为单元，又由若干院组成建筑群，然后再以院的空间尺度加以变化对比来产生不同的气氛。

最后，中国封建社会宗法观念的等级制度，在北京故宫中得到典型的表现，从屋顶形式来看，按规定尊卑等级顺序是重檐庑殿顶，重檐歇山顶，重檐攒尖顶，单檐庑殿顶，单檐歇山顶，攒尖顶，悬山顶，硬山顶。

4.6.3 园囿和坛庙

4.6.3.1 元明清的园囿建筑

明清是我国造园活动较活跃的时期，无论是私家园林还是皇家园林都有了较大的发展。明朝的皇家园囿主要是紫禁城西面西苑。清朝除了继续扩建西苑外，又在北京西北郊兴建了圆明园、畅春园、万春园、静明园、静宜园、清漪园等，并且在京城以外承德建了最大的行宫——避暑山庄。

颐和园，原名清漪园，始建于清乾隆帝十五年（公元1750年），历时15年竣工，时为清代北京著名的“三山五园”（香山静宜园、玉泉山静明园、万寿山清漪园、圆明园、畅春园）中最后建成的一座。

颐和园景区规模宏大，占地面积2.97平方公里（293hm^2），主要由万寿山和昆明湖两部分组成，其中水面占3/4（大约220hm^2）。园内建筑以佛香阁为中心，园中有景点建筑物百余座、大小院落20余处，3555古建筑，面积70000多平方米，共有亭、台、楼、阁、廊、榭等不同形式的建筑3000多间。古树名木1600余株。其中佛香阁、长廊、石舫、苏州街、十七孔桥、谐趣园、大戏台等都已成为家喻户晓的代表性建筑。颐和园集传统造园艺术之大成，万寿山、昆明湖构成其基本框架，借景周围的山水环境，饱含中国皇家园林的恢宏富丽气势，又充满自然之趣，高度体现了“虽由人作，宛自天开”的造园准则。颐和园亭台、长廊、殿堂、庙宇和小桥等人工景观与自然山峦和开阔的湖面相互和谐、艺术地融为一体，整个园林艺术构思巧妙，是集中国园林建筑艺术之大成的杰作，在中外园林艺术史上地位显著，有声有色。

园中主要景点大致分为三个区域：以庄重威严的仁寿殿为代表的政治活动区，是清朝末期慈禧与光绪从事内政、外交政治活动的主要场所。以乐寿堂、玉澜堂、宜芸馆等庭院为代表的生活区，是慈禧、光绪及后妃居住的地方。以万寿山和昆明湖等组成的风景游览区。也可分为万寿前山、昆明湖、后山后湖三部分。以长廊沿线、后山、西区组成的广大区域，是供帝后们澄怀散志、休闲娱乐的苑园游览区。前山以佛香阁为中心，组成巨大的主体建筑群。万寿山南麓的中轴线上，金碧辉煌的佛香阁、排云殿建筑群起自湖岸边的云辉玉宇牌楼，经排云门、二宫门、排云殿、德辉殿、佛香阁，终至山巅的智慧海，重廊复殿，层叠上升，贯穿青琐，气势磅礴。巍峨高耸的佛香阁八面三层，踞山面湖，统领全园。碧波荡漾的昆明湖平铺在万寿山南麓，约占全园面积的3/4。昆明湖中，宏大的十七孔桥如长虹偃月倒映水面，湖中有一座南湖岛，十七孔桥和岸上相连。蜿蜒曲折的西堤犹如一条翠绿的飘带，萦带南北，横绝天汉，堤上六桥，婀娜多姿，形态互异。涵虚堂、藻鉴堂、治镜阁三座岛屿鼎足而立，寓意着神话传说中的“海上仙山”。阅看耕织图画柔桑拂面，豳风如画，乾隆皇帝曾在此阅看耕织活画，极具水乡村野情趣。与前湖一水相通的苏州街，酒幌临风，店肆熙攘，仿佛置身于二百多年前的皇家买卖街，谐趣园则曲水复廊，足谐其趣。在昆明湖畔岸边，还有著名的石舫，惟妙惟肖的铜牛，赏春观景的知春亭等景点建筑非常好。后山后湖碧水潆回，古松参天，环境清幽。

明清时，私家园林有了进一步的发展，几乎遍及全国各地，其中比较集中的地点，北方以北京为中心，江南以苏州、南京、扬州及太湖一带为中心，岭南则以广州为中心。私家园林是为了满足官僚地主和富商的生活及享乐而建造的，都有着自己独特的风格。在总体布局上，巧妙地运用各种对比，衬托、尺度、层次、对景、借景等手法，使园景达到了以少胜多，小中见大，在有限的空间内获得更加丰富的景色。

4.6.3.2 元明清的坛庙建筑及装饰

在中国封建社会中，形成了一套完整的宗法礼制，集中反映了封建社会中人与人的等级关系和宗法家族思想，其中还掺杂着许多迷信因素于内，是维护封建统治的上层建筑之一。各朝各代都修建了带有祭祀性的建筑，如：天坛、地坛、日坛、月坛、风神庙、太庙等。明朝建造，并经清朝改建的北京天坛是其中极为优秀的代表。

天坛位于北京正阳门东南方向，为明、清两朝皇帝祭天、求雨和祈祷丰年的专用祭坛，是世界上现存规模最大、最完美的古代祭天建筑群。

天坛是圜丘、祈谷两坛的总称，有坛墙两重，形成内外坛，坛墙南方北圆，象征天圆地方。主要建筑在内坛，圜丘坛在南、祈谷坛在北，二坛同在一条南北轴线上，中间有墙相隔。圜丘坛内主要建筑有圜丘坛、皇穹宇等，祈谷坛内主要建筑有祈年殿、皇乾殿、祈年门等。著名的祈年殿在最北方，这是天坛内最宏伟、最华丽的建筑，也是想象中离天最近的地方。

图4-41 北京天坛祈年殿

祈年殿（图4-41），嘉靖二十四年（1545年）改为三重顶圆殿，殿顶覆盖上青、中黄、下绿三色琉璃，寓意天、地、万物。清乾隆十六年（1751）改三色瓦为统一的蓝瓦金顶，定名“祈年殿”，是孟春（正月）祈谷的专用建筑。祈年殿由28根金丝楠木大柱支撑，柱子环转排列，中间4根“龙井柱”，高19.2m，直径1.2m，支撑上层屋檐；中间12根金柱支撑第二层屋檐，在朱红色底漆上以沥粉贴金的方法绘有精致的图案；外围12根檐柱支撑第三层屋檐；相应设置三层天花，中间设置龙凤藻井；殿内梁枋施龙凤和玺彩画。祈年殿中间4根“龙井柱”，象征着一年的春夏秋冬四季；中层12根大柱比龙井柱略细，名为金柱，象征一年的12个月；外层12根柱子叫檐柱，象征一天的12个时辰。中外两层柱子共24根，象征二十四节气。

坛面除中心的太极石是圆形外，外围各圈均为扇面形，数目也是阳数，象征九重天，天帝的牌位就安放在太极石上，象征着天帝高居九重天之上。

圜丘坛（图4-42）是举行冬至祭天大典的场所，主要建筑有圜丘、皇穹宇及配殿、神厨、三库及宰牲亭，附属建筑有具服台、望灯等。圜丘明朝时为三层蓝色琉璃圆坛，清乾隆十四年（1749）扩建，并改蓝色琉璃为艾叶青石台面，汉白玉柱、栏。圜丘形圆像天，三层坛制，高5.17m，下层直径54.92m，上层直径23.65m，每层四面出台阶各九级。上层中心为一块圆石，外铺扇面形石块九圈，内圈九块，以九的倍数依次向外延展，栏板、望柱也都用九或九的倍数，象征“天”数。

图4-42 北京天坛圜丘坛

圜丘台面石板、栏板及各层台阶的数目均为奇数九或九的倍数。如台面石板以上层中心圆石为起点，第一圈为九块，第二圈为十八块，依次周围各圈直至底层，均以九的倍数递增。各层汉白玉石栏板的数目也是如此。燔柴炉位于圜丘坛外壝内东南，坐南朝北，圆筒形，绿琉璃砖砌成，其东西南三面各出台阶九级。燔柴炉是举行冬至祭天大典望燎仪时焚烧祭祀正位（皇天上帝）供奉物用的。

皇穹宇院落位于圜丘坛外壝北侧，坐北朝南，圆形围墙，南面设三座琉璃门，主要建筑有皇穹宇和东西配殿，是供奉圜丘坛祭祀神位的场所。皇穹宇由环转16根柱子支撑，外层8根檐柱，中间8根金柱，两层柱子上设共同的溜金斗拱，以支撑拱上的天花和藻井，殿内满是龙凤和玺彩画，天花图案为贴金二龙戏珠，藻井为金龙藻井。皇穹宇殿内的斗拱和藻井跨度在我国古建中是独一无二的。皇穹宇配殿，歇山殿顶，蓝琉璃瓦屋面，正面出台阶六级，饰旋子彩画，造型精巧。东殿殿内供奉大明之神（太阳）、北斗七星、金木水火土五星、周天星辰等神版，西殿则是夜明之神（月）、云雨风雷诸神神牌供奉处。皇穹宇殿前甬路从北面数，前三块石板即为“三音石”。当站在第一块石板上击一下掌，只能听见一声回音；当站在第二块石板上击一下掌就可以听见两声回音；当站在第三块石板上击一下掌便听到连续不断的三声回音。这就是为什么把这三块石板称为三音石的原因，也有人专门把第三块石板称为“三音石”。

皇穹宇（图4-43）院落周围的圆形围墙，墙高约3.72m，厚0.9m，墙身用山东临清砖磨砖对缝，蓝琉璃筒瓦顶，这就是著名的“回音壁”。皇穹宇圆形院落的墙壁自然形成音波折射体，磨砖对缝的砌墙方式使墙体结构十分紧密，墙的表面直径651m，围墙高3.27m。当人们分别站在东西配殿的后面靠近墙壁轻声讲话，虽然双方距离相距很远，但是可以非常清楚地听见对方讲话的声音。这是因为圆形十分光滑，对音波的折射。

图4-43 天坛皇穹宇

4.6.4 陵墓建筑

陵墓建筑是中国古代建筑的重要组成部分，中国古人基于人死而灵魂不灭的观念，普遍重视丧葬，因此，无论任何阶层对陵墓皆精心构筑。在漫长的历史进程中，中国陵墓建筑得到了长足的发展，产生了举世罕见的、庞大的古代帝、后墓群；且在历史演变过程中，陵墓建筑逐步与绘画、书法、雕刻等诸艺术门派融为一体，成为反映多种艺术成就的综合体。元明清时以明十三陵为代表。

明十三陵在北京昌平区北十里的天寿山南麓。自明永乐以来，十三个皇帝皆环葬于此，故有十三陵之称。长陵是明第三位皇帝朱棣的陵墓，是陵区的主体建筑，居于陵区的中央，东侧有景陵，永陵、德陵三陵；西侧有献陵、庆陵、裕陵。茂陵，泰陵、康陵六陵；西南侧有定陵、昭陵、悼陵三陵。各陵共用一个神道与牌坊、石象生。陵区最南端的石牌坊为十三陵的起点，经大红门是碑亭，过碑亭北行，有石人石兽分列神道两旁。石象生的礼制基本遵循明孝陵遗法。该陵园建于1409—1644年，距今已有300 ~ 500多年历史。陵区占地面积达40km^2，一共埋葬有明代的13个皇帝和23个皇后，以及众多妃嫔、太子、公主和从葬宫女等，这是我国乃至世界现存规模最大、帝后陵寝最多的一处皇陵建筑群（图4-44）。

图4-44 明十三陵布局

石牌坊为陵区前的第一座建筑物，建于1540年（嘉靖十九年）。牌坊结构为五楹、六柱、十一楼，全部用汉白玉雕砌，在额枋和柱石的上下，刻有龙、云图纹及麒麟、狮子等浮雕。过了石牌坊，即可看到在神道左、右有两座小山。东为龙山（也叫蟒山），形如一条奔越腾挪的苍龙；西为虎山（俗称虎峪），状似一只伏地警觉的猛虎（图4-45）。

图4-45 明十三陵石牌坊

大红门（图4-46）坐落于陵区的正南面，门分三洞，又名大宫门，为陵园的正门。大红门后有一条大道，叫神道，也称陵道。它起于石牌坊，穿过大红门，一直通向长陵，原为长陵而筑，但后来便成了全陵区的主陵道了。该道纵贯陵园南北，全长7km，沿线设有一系列建筑物，错落有致，蔚为壮观。碑亭位于神道中央，是一座歇山重檐、四出翘角的高大方形亭楼，为长陵所建。亭内竖有龙首龟趺石碑一块，高6m多。上题“大明长陵神功圣德碑”，碑文长达3500多字，是明仁宗朱高炽撰文，明初著名书法家程南云所书。石雕群陵前放置的石雕人、兽，古称石像生（石人又称翁仲）。从碑亭北的两根六角形的石柱起，至龙凤门止的千米神道两旁，整齐地排列着24只石兽和12个石人，造型生动，雕刻精细，深为游人所喜爱。其数量之多，形体之大，雕琢之精，保存之好，是我国古代陵园中罕见的。

图4-46 明十三陵大红门

清朝皇帝基本上承袭了明朝的布局和形式。入关前在沈阳建造了辽宁新宾兴京永陵，沈阳的福陵和昭陵。其中尤以北陵规模宏巨，雕饰精丽。清朝入关后，形成两个集中陵区，东陵在河北遵化县（今遵化市），西陵在易县。

4.6.5 宗教建筑

我国现存有数千座明清两代重建或新建的佛寺，遍及全国。汉化寺院显示出两种风格：一类位于都市内的，特别是敕建的大寺院，多为典型的官式建筑，布局规范单一，总体规整对称。大体是：山门殿、天王殿，二者中间的院落安排钟、鼓二楼；天王殿后为大雄宝殿，东配殿常为伽蓝殿，西配殿常为祖师殿。有此二重院落及山门、天王殿、大殿三殿者，方可称寺。此外，法堂、藏经殿及生活区之方丈、斋堂、云水堂等在后部配置，或设在两侧小院中。如北京广济寺、山西太原崇善寺等即是。二类山村佛刹多因地制宜，布局在求规整中有变化。分布于四大名山和天台、庐山等山区的佛寺大多属于此类。明清大寺多在寺侧一院另辟罗汉堂，现在全国尚存十多处，尚有新建重者。为了便于七众受戒，经过特许的某些大寺院常设有永久性的戒坛殿。明、清时代，在藏族、蒙古族等少数民族分布地区和华北一带，新建和重建了很多喇嘛寺。它们在不同程度上受到汉族建筑风格的影响，有的已相当汉化，但总是保留着某些基本特点，使人一望而知。

此时期中国佛寺建筑上出现一种拱券式的砖结构殿堂，通称为“无梁殿”，如山西、南京灵谷寺、宝华山隆昌寺中都有此种殿堂建筑。这反映了明朝以来砖产量的增加，使早已应用在陵墓中的砖券技术运用到了地面建筑中来。五台山显通寺内的无梁殿为用砖砌成的仿木结构重檐歇山顶的建筑，高20.3m。这座殿分上下两层，明七间暗三间，面宽28.2m，进深16m，砖券而成，三个连续拱并列，左右山墙成为拱脚，各间之间依靠开拱门联系，形制奇特，雕刻精湛，宏伟壮观，是我国古代砖石建筑艺术的杰作。无梁殿正面每层有七个阁洞，阁洞上嵌有砖雕匾额。无梁殿有着很高的艺术价值，是我国无梁建筑中的杰作。

明、清佛塔多种多样，形式众多。在造型上，塔的斗拱和塔檐很纤细，环绕塔身如同环带，轮廓线也与以前不同。由于塔的体型高耸，形象突出，在建筑群的总体轮廓上起很大作用，丰富了城市的立体构图，装点了风景名胜。佛塔的意义实际上早已超出了宗教的规定，成了人们生活中的一个重要审美对象。因而，不但道教、伊斯兰教等也建造了一些带有自己风格意蕴的塔，民间也造了一些风水塔（文风塔）、灯塔。在造型、风格、意匠、技艺等方面，它们都受到了佛塔的影响。

4.6.6　家具及室内布置

随着手工业的发展，特别是海外交通的发达，东南亚的优质木材输入，元明清时期我国家具制作工作有了很大的发展。明代苏州、清代广州、扬州、宁波等地成为制作家具的中心。

元明清家具的特征之一是用材合理，既发挥了材料性能，又充分利用和表现材料本身色泽与纹理的美观，达到结构与造型的统一。特征之二,十框架式的结构方法符合力学原则，同时也形成了优美的立体轮廓。特征之三，是雕饰多集中在辅助构件上，在不影响坚固的前提下，取得了重点装饰效果。因此，每件家具都表现出体形稳重，比例适度，线条利落，具有端庄活泼的特点。

元代家具形体重厚，造型饱满多曲，雕饰繁复，多用云头、转珠、倭角等线型作装饰;出现了罗锅枨、霸王枨、展腿式等品种造型（图4–47）。总体上给人以雄壮、奔放、生动、富足之感。这些都与宋代家具有所不同。

图4–47　元代家具

明朝是中国家具设计和制作工艺达到最为繁荣的阶段。明式家具是在宋、元家具的基础上发展完美起来。它的最大特点以造型见长，并将选材、制作、使用和审美巧妙地结合起来，制作上能做到方中有圆，拼接无缝、线脚匀挺、平整光滑等。并可根据不同的需求，合理采用多种不同的榫卯，不用胶接，牢稳坚固，表现了家具制造的高度技巧。明式家具讲究选料，多用红木、紫檀、花梨、鸡翅木、铁梨等硬木，有的家具也采用楠木、榆木、樟木及其他硬杂木，其中黄花梨木效果最好。硬木是比较珍贵的木材，其木质坚硬而有弹性，本身的色泽纹理、美观，所以明式家具很少用油漆，只擦上透明的蜡，就可显示出木材本身的质感和自然美（图4–48）。

清式家具以装饰见长，烦琐堆砌，富丽堂皇。因其生产地区风格的不同，形成不同的地方特色，最具有代表性的可分为苏作、京作和广作。苏作继承了明式家具的特点.精巧简单，不求装饰；广作很注重雕刻装饰，追求华丽；京式则重蜡工，结构用鳔、镂空用。清代家具工艺在乾隆时期盛极一时，出现了许多能工巧匠和优秀的民间艺人，所制造的高级玲珑的家具，装饰华贵、风格独特、雕刻精巧，极富欣赏价值。但清化的家具往往只注重技巧，一味追求富丽华设，烦琐的雕饰往往破坏整体感，而且造型笨重，触感不好，更不利于清洁（图4–49）。

图4–48　明代家具

图4–49　清代家具

明及清前期的家具装饰的主要特点为：造型优美，线脚简练。花纹图案与家具整体和谐地结合起来，形成完美的统一。虽然图案简洁，但装饰性强，如取材自然物象，善于提炼，精于取舍，有概括之功，无刻画之病；如取材传统图案，并不生搬硬套，有创新，有变通，不同时代、不同器物上的纹样都运用自如。装饰的使用，有主次，有虚实，有集中，有分散，有连续，有间歇，有对比，有呼应。特别引人注目，装饰效果为“惜墨如金”，以少许胜人多许。毫无疑义，大体朴素，只有少量装饰是明及清前期家具的常见风貌。但这绝不是它的全貌，因为雕饰富丽裱华而仍有很高艺术价值的也为数不少。它和清代中叶以后的某些结构失当、装饰烦琐的制品是判然有别的。可以用“淡妆浓抹总相宜”来形容明及清前期的家具。另外，我们还能看到有的装饰超越常规，但不觉得是矫揉造作，反显得清新自然，使人有“文章本天成，妙手偶得之”之感。这也是明及清前期家具的主流。

在家具布置方面，元明清贵族住宅中，重要殿堂的家具采用成组成套的对称方式，而以临窗，迎门的桌案和前后檐炕为布局中心，配以成组的几椅，或一几二椅，或二几四椅等，柜橱书架等也多为成对布置，严谨划一。力求通过色彩、形体、质感造成一定的对比效果。局势、书斋等可不拘一格，随意处理（图4-50、图4-51、图4-52）。

图4-50　皇极殿乐寿堂

图4-51　翊坤宫室内布置

图4-52　养心殿东暖阁

室内的陈设多以悬挂在墙壁或柱面的字画为多。一般厅堂多在后壁正中上悬横匾，下挂堂幅，配以对联，两旁纸条幅，柱上再施板对或明间后檐金柱纸木隔扇或屏风，上刻书画诗文、博古图案。在敞厅、亭、榭、走廊内则多用竹木横匾或对联，或在墙面嵌砖石刻。在墙上还可以悬挂嵌玉、大理石的挂屏，或在桌、几、条案、地面上放置大理石屏、盆景、瓷器、古玩、盆花等。这些陈设色彩鲜明，造型优美，与褐色家具及粉白墙面相配合，形成一种瑰丽的综合性装饰效果。

本章小结

中国古代建筑装饰鲜明地体现出中国建筑的美学特征：首先，它们是显示建筑社会价值的重要手段。装饰的式样、色彩、质地、题材等都服从于建筑的社会功能；如宫殿屋顶用黄色琉璃，彩画用贴金龙凤，殿前用日晷、嘉量、品级山、龟鹤、香炉等小品，以表示帝王的尊严，私家园林用青砖小瓦、原木本色和精巧自由的砖木雕刻，以体现超然淡泊的格调。其次，它们中大多数都有实用价值，并和结构紧密结合，不是可有可无的附加物。油饰彩画 是为了保护木材，屋顶吻兽是保护屋面的构件，花格窗棂是便于夹纱糊纸；而像石雕的柱础、栏杆、螭首（吐水口）、木构件的梭柱、月梁、拱瓣和麻叶头、霸王拳、菊花头等梁枋端头形式，本身就是对结构构件的艺术加工。再次，它们大部分都趋向规格化，定型化，有相当严格的规矩做法，通过互相搭配取得不同的艺术效果；但也很注意细微的变化，既可远看，也可近赏。最后，它们的艺术风格有着鲜明的时代性、地区性和民族性。例如汉代刚直浓重，唐代浑放开朗，宋代流畅活泼，明清严谨典丽。北方比较朴实，装饰只作重点处理，彩画砖雕成就较高；南方比较丰富，装饰手法细致，砖木石雕都有很高成就。藏族用色大胆，追求对比效果，镏金、彩绘很有特色；维吾尔族在木雕、石膏花饰和琉璃面砖方面成就较大；回族则重视砖木雕刻和彩画，题材、手法有浓郁的民族特点。

中国古代建筑艺术中，建筑装饰称为一个不可分割的很重要的有机组成部分，为世界建筑装饰史做出巨大贡献。

复习思考题

1. 分析木架建筑的优势与缺憾。
2. 分析原始社会的居住情况及造型文化。
3. 分析夏、商、周的建筑装饰。
4. 论述春秋战国的建筑装饰及工艺美术。
5. 分析隋唐时期建筑装饰及技术的总体情况。
6. 论述斗拱在建筑中的作用。
7. 分析明代建筑的主要特点。
8. 论述清代建筑的主要特点。
9. 分析明清彩画的施工步骤。
10. 分析北京故宫在建筑技术、总体布局、建筑装饰、建筑艺术等方面的突出特点。
11. 试述元、明、清家具特点。并分别绘制一件家具。

模块五　中国民居建筑装饰

情景提示

1. 中国五大民居建筑有哪些独特性?
2. 民居建筑装饰的主要特征有哪些?

本章导读

中国是一个多民族的国家，许多民族保持了古老的居住形式，在中国民居中可以看到多民族的特征。民居建筑最为紧密地结合人们日常生活的需要，因此，因地制宜、因材致用的特点最为突出，而且往往比较灵活自由，富于创造精神，是我国建筑遗产中非常丰富、重要的部分。我国民居建筑分布广，数量多，并且与各民族人民的生活生产密切相关，故它具有明显的地方特色和浓厚的民族特色。由于民族的历史传统、生活习俗、人文条件、审美观念的不同，各地的自然条件和地理环境也不同，因而，民居的平面布局、结构方法、造型和细部特征也就不同，呈现出淳朴自然而又有着各自的特色。

民居的特征主要是来自于民族的生活习俗、生产方式、宗教信仰、心理爱好和审美观念，而民居的经验则来自地方的自然环境和气候的地理条件。这两者是不可分割的，是密切联系的，它们共同组成了民居的民族文化特征和地方特色。

教学要求

①掌握典型民居建筑造型特点；②掌握中国五大民居特点。

5.1 中国民居建筑特点

中国的民居建筑是我国传统建筑中的一个重要类型，是我国古代建筑中民间建筑体系中的重要组成内容。我国传统建筑有两大体系，官式的和民间的。官式的建筑如宫殿、坛庙、陵寝、寺庙、宅第等，民间建筑如民居、园林、祠堂、会馆等。民居，作为传统建筑内容之一，因分布广，数量又多，并且与各民族人民的生活生产方式、习俗、审美观念密切相关，故它具有明显的地方特色和浓厚的民族特色，并具有因地制宜、因材致用的特点。

在中国的民宅中，房式是有严格的等级的。明朝统治者就继承过去传统，制订了严格的住宅等级制度："一品二品厅堂五间九架……三品五品厅堂五间七架……六品至九品厅堂三间七架……不许在宅前后左右多占地，构亭馆，开池塘，""庶民庐舍不过三间五架，不许用斗拱，饰彩色。"不过后来有不少达官、富商和地主不遵守这些规定，如文献记载清朝京师（今北京）米商祝氏屋宇多至千余间，园亭瑰丽，江苏泰兴季姓官僚地主家周匝数里。现存明代住宅如浙江东阳官僚地主卢氏住宅经数代经营，成为规模宏阔、雕饰豪华的巨大组群，安徽歙县住宅的装饰和彩画也以精丽见称。

民居分布在全国各地，由于各地的自然条件和地理环境不同再加上各民族的历史传统、生活习俗、人文条件、审美观念的不同，因此，民居的平面布局、结构方法、造型和细部特征也就不同，呈现出淳朴自然、各具特色。同时，各族人民常把自己的心愿、信仰和审美观念反映到民居的装饰、花纹、色彩和样式等结构中去。如汉族的鹤、鹿、蝙蝠、喜鹊、梅、竹、百合、灵芝、万字纹、回纹等，云南白族的莲花、傣族的大象、孔雀、槟榔树图案等。这样，就导致各地区各民族的民居呈现出丰富多彩和百花争艳的民族特色。

汉族住宅除黄河中游少数地点采用窑洞式住宅以外，其余地区多用木构架结构系统的院落式住宅。这种住宅的布局、结构和艺术处理，由于各种自然条件与社会因素的影响，大体以秦岭和淮河流域为界，形成南北两种不同的风格。而在南方住宅中，长江下游的院落式住宅，又与浙江、四川等山区住宅及岭南的客家住宅，具有显著的差别。

5.2　典型民居建筑装饰

北京四合院、客家围龙屋（土楼）、陕西窑洞、广西“杆栏式”、云南“一颗印”一起被称为中国五大特色民居建筑。其他的还有徽派建筑等。

5.2.1　北京四合院

北方住宅以北京的四合院住宅为代表（图5-1）。院落宽绰疏朗，四面房屋各自独立，彼此之间有游廊连接，起居十分方便。四合院是封闭式的住宅，对外只有一个街门，关起门来自成天地，具有很强的私密性，非常适合独家居住。院内，四面房子都向院落方向开门。由于院落宽敞，可在院内植树栽花，饲鸟养鱼，叠石造景。居住者不仅享有舒适的住房，还可分享大自然赐予的一片美好天地。

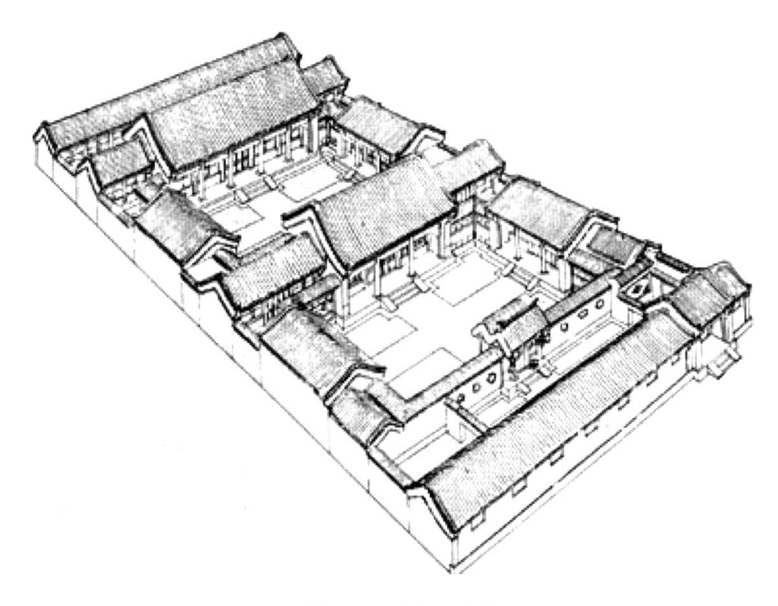

图5-1　北京四合院

影壁是北京四合院大门内外的重要装饰壁面，绝大部分为砖料砌成，主要作用在于遮挡大门内外杂乱呆板的墙面和景物，美化大门的出入口，人们进出宅门时，迎面看到的首先是迭砌考究、雕饰精美的墙面和镶嵌在上面的吉辞颂语。通过一座

图5-2 垂花门

小小的垂花门（图5-2），便是四合院的内宅了。内宅是由北房、东西厢房和垂花门四面建筑围合起来的院落。封建社会，内宅居住的分配是非常严格的，位置优越显赫的正房，都要给老一代的老爷、太太居住。北房三间仅中间一间向外开门，称为堂屋。两侧两间仅向堂屋开门，形成套间，成为一明两暗的格局。堂屋是家人起居、招待亲戚或年节时设供祭祖的地方，两侧多做卧室。东西两侧的卧室也有尊卑之分，在一夫多妻的制度下，东侧为尊，由正室居住，西侧为卑，由偏房居住。东西耳房可单开门，也可与正房相通，一般用做卧室或书房。东西厢房则由晚辈居住，厢房也是一明两暗，正中一间为起居室，两侧为卧室。也可将偏南侧一间分割出来用做厨房或餐厅。中型以上的四合院还常建有后军房或后罩楼，主要供未出阁的女子或女佣居住。

5.2.2 客家土楼住宅

客家土楼是世界上独一无二的神话般的山村民居建筑。土楼分方形土楼和圆形土楼两种。圆形土楼最富于客家传统色彩，最为震撼人心。土楼用当地的生土、砂石、木片建成单屋，继而连成大屋，进而垒起厚重封闭的“抵御性”的城堡式建筑住宅，具有坚固性、安全性、封闭性和强烈的宗族特性。

客家人原是中国黄河中下游的汉民族，1900多年前在战乱频繁的年代被迫南迁。在这漫长的历史动乱年代中，客家人为避免外来的冲击，每到一处，本姓本家人总要聚居在一起。加之客家人居住的大多是偏僻的山区或深山密大之中，当时不但建筑材料匮乏，豺狼虎豹、盗贼嘈杂，加上惧怕当地人的袭扰，客家人便营造“抵御性”的城堡式建筑住宅。起初用当地的生土、砂石和木条建成单屋，继而连成大屋，进而垒起多层的方形或圆形土楼，以抵抗外力压迫，防御匪盗。这种奇特的土楼，后来传布到福建、广东、江西、广西一带客家地区。从明朝中叶

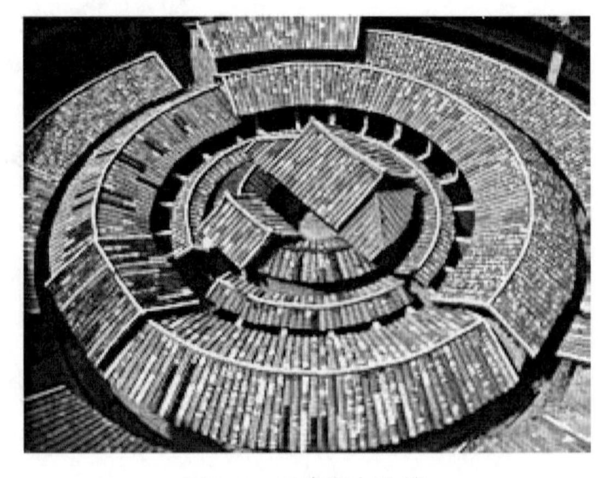
图5-3 福建客家土楼

起，土楼愈建愈大。在古代乃至新中国成立前，土楼始终是客家人自卫防御的坚固的楼堡。这样也就形成了客家民居独特的建筑形式——土楼。土楼主要分布在福建省的龙岩、漳州等地区（图5–3）。

永定的客家土楼独具特色，有方形、圆形、八角形和椭圆形等形状的土楼，共有8000余座，规模之大，造型之美，既科学实用，又有特色、构成了一个奇妙的世界。永定土楼源远流长。最古老土楼1300年以上，唐末宋初以前，永定就有客家先民居住；永定土楼规模宏大。一座土楼可住数百人。现存永定客家土楼规模宏大、气势恢宏，占地500m^2。高3层以上的约占80%。最大的土楼占地面积达11519m^2，最高的有6层，直径最长的圆楼有84m，规模最大的圆楼高4层、内外4环，400多个房间。一座土楼可居住数十人甚至数百人，永定的承启楼在鼎盛时期居住了800人；永定土楼结构奇巧，抗震功能突出。主要体现在其一中轴线鲜明，大门（除了外大门）、厅堂、主楼都建在中轴线上，横楼和附属建筑分布在左右两侧，两边对称极为严格。其二每座土楼都有厅堂，以主厅（祖堂）为核心，并以祖堂为中心组织院落，以院落为中心进行群体组合。其三内通廊式平面，四通八达，为永定客家土楼有别于其他民居建筑的一大特色。其四土墙非常坚固，全楼所有木结构连成整体，与土墙紧密相连；土墙内埋设大量长木条、长竹片作为墙筋，这是土楼具有很强抗震功能的最关键因素。圆楼的整体性、向心力更强，抗震功能也更突出；永定功能齐全。祖堂用于宗族议事、婚丧喜庆、会客、宴会、演戏等，楼内或楼侧有水井。较大型土楼的内或外设花园、鱼池等，将古代园林艺术融入其中。楼楼有门坪，既可作为休闲场地，又可晾晒农作物。其他生产生活等设施也一应俱全。

5.2.3　陕西窑洞住宅

河南、山西、陕西、甘肃等省的黄土地区，人们为了适应地质、地形、气候和经济条件，建造各种窑洞式住宅与拱券住宅。窑洞式住宅有两种，一种是靠崖窑，在天然土壁内开凿横洞，常数洞相连，或上下数层，有的在洞内加砌砖券或石券，防止泥土崩溃，或在洞外砌砖墙，保护崖面。规模较大的则在崖外建房屋，组成院落，称为靠崖窑院。另一种在平坦的冈地上，凿掘方形或长方形平面的深坑，沿着坑面开凿窑洞，称为地坑窑或天井窑。这种窑洞以各种形式的阶道通至地面上，如附近有天然崖面，则掘隧道与外部相通。大型地坑院有两个或两个以上的地坑相连，可住二三十户。此外，还有在地面上用砖、石、土坯等建造一层或二层的拱券式房屋，称锢窑。用数座锢窑组合成的院落，称为锢窑窑院。

5.2.4 广西“杆栏式”

广西“杆栏式”也称高脚房屋建筑，以竹、木、茅草为建筑材料，分上下两层结构，上层住人，下层养牲畜。一般都由若干木桩、圆木、木板组成，下部有木柱构成底架，高出地面，底架采取打桩的方法建成。桩木打成后，上架横梁，再铺板材，然后在木板上立柱构建梁架和屋顶，形成架空的建筑房屋。在潮湿炎热的南方，既防潮，又通风，还可以御蛇、虫和野兽的侵害。

5.2.5 云南“一颗印”住宅

滇中高原地区，四季如春，无严寒，多风。故住房墙厚重。最常见的形式是毗连式三间四耳倒八尺，即正房三间，耳房东西各两间，有些还在正房对面，即进门处建有倒座。通常为楼房，为节省用地，改善房间的气候，促成阴凉，采用了小天井。外墙一般无窗、高墙，主要是为了挡风沙和安全，住宅地盘方整，外观方整，当地称“一颗印”。

5.2.6 徽派民居

南宋迁都临安，大兴土木，筑宫殿，建园林，不仅刺激了徽商从事竹、木、漆经营，也培养了大批徽州工匠。徽州是“文化之邦”，徽商致富还乡，也争相在家乡建住宅、园林，修祠堂，立牌坊，兴道观、寺庙，从而开始和形成有徽州特色的建筑风格。

徽派民居多为多进院落式集居形式（小型者以三合院式多）一般坐北朝南、倚山面水，讲求风水价值。布局以中轴线对称分列，面阔三间，中为厅堂，两侧为室，厅堂前方称天井，采光通风，院落相套，造就出纵深自足型家庭生存空间。外观整体性和美感很强，高墙封闭，马头翘角，墙线错落有致，黑瓦白墙，色彩典雅大方。徽派民居布局平衡、匀称、协调，大多为庭院式，或称“天井院”式。以两层居多，四周砌着比较高的围墙，院落内的房屋连接在一起，中间围成一个天井。天井可通风透光，四水归堂。徽派民居围以高墙，白色山墙宽厚高大，马头翘角造型别致（图5-4）。房子的白墙灰瓦，高低起伏，错落有致，黑白辉映，增加了空间的层次和色差呼应的韵律美。

徽州宅居的木雕、砖雕、石雕之“三雕”之美令人叹为观止，青砖门罩、石雕漏窗、木雕楹柱与建筑物融为一体，使建筑精美如诗。

砖雕大多镶嵌在门罩、窗楣、照壁上，在大块的青砖上雕刻着生动逼真的图案，极富装饰效果。

徽州木雕的题材广泛，有人物、山水、花卉、禽兽、鱼虫、云头、回纹、八宝博古、文字锡联，以及各种吉祥图案等（图5–5）。以人物为主的有名人轶事、文学故事、戏曲唱本、宗教神话、民俗风情、民间传说和社会生活等题材；以山水为素材的，主要是徽州名胜，如黄山、新安江及徽州各县具有代表性的山水风光；以动物、花木、图案为内容的，一般呈连续图样形式，也能独立成画。徽州住宅木雕是根据建筑物体的部件需要与可能、采用圆雕、浮雕、透雕等表现手法。木雕在徽派吉建筑上，通常用于架梁、梁托、檐条、楼层栏板、华板、窗后、栏杆等处、雕花撰朵，富丽繁华。木雕的边框一般又都雕有缠枝图案、婉转流动，琳琅满目。木雕既考虑美观，又重视实用，大凡窗子下方、天井四周上方栏板、檐条，采用浮雕较多；在梁托、斗拱、雀替以至月梁上使用圆雕较多。

图5–4　马头翘角

图5–5　徽州木雕

5.2.7　苏州住宅

江南民宅以苏杭为主，苏州为江南经济文化的中心，生活富裕，物产丰富，从前一向是富商、官僚聚集之处，住宅规模也很大，住宅外围环绕以高大的垣墙，因为，南方房舍净高较大，多楼房，此外由于防火的需要，须用高墙隔断。建筑纵深为若干进，每进有天井或庭院，但很浅，厢房也浅或无；各进房间一般为三间。大的住宅可以有平行的二三条轴线；从大门起，轴线上排列：大门、轿厅，客厅，正房（属内院，另设门分割，有时为楼）；两侧轴线排列花厅、书房、卧室乃至小花园、戏台之类。杭州的吴宅就是典型的江南民居，它建于明代万历年间。位于杭州岳官巷，整座建筑坐北朝南，原来的建筑分左、中、右三条轴线，修复以后的吴宅的主要建筑均集中于中、右两条轴线上。从轿厅进入，右边是四宜轩、载德堂、锡祉堂；左边是守敦堂、肇新堂。堂与堂之间都有一个大天井。其中，守敦堂，高大开阔，两边没有厢房，这里就是举行各种祭祀仪式的地方。历史上的吴宅除了现有厅堂楼阁之外，还有藏书楼、花园、竹园、大厨房、账房等，一应俱全，完整地体现了江南民居特有的建筑样式。又如建于清代的苏州顾宅也是一例。进入顾宅大门为天井，穿过天井进入大厅，其旁为楼房，底层为书斋。厅前院中有戏台。这种戏台是属于私家戏台，如上海豫园的戏台也是如此。

5.2.8 浙江、四川的山地住宅

利用自然地形灵活而经济地做成高低错落的台状地基，在其上建造房屋，因而住宅的朝向不分东南西北，往往取决于地形。房屋的典型特点是比较敞开外露，多外廊，深出檐，窗洞很大，给人舒展轻巧的感觉。一般布局为三合院形式，正中为堂屋，两侧为家长住房，两厢为晚辈住房，也有于西厢背后更加天井或发展为另一个院落。

5.2.9 藏族住宅

藏族住宅主要分布于西藏、青海、甘肃及四川西部，由于雨量稀少，而石材丰富，故外部用石墙，内部以密梁构成楼层和平屋顶。城市住宅往往以院落作为全宅的中心，如拉萨的二层住宅环绕着小院，下层布置起居室、接待室、卧室、库房，上层在接待室、卧室外，加经堂和储藏室。造型严整和装饰华丽是它的特点。乡间住宅多依山建造，很少有院落。一般高二三层不等，而以三层较多。底层置牲畜房与草料房，二层为卧室、厨房、储藏室，三层以装修精致的经堂为主，附以晒台、厕所，而二三层每有木构的挑楼伸出墙外。

5.2.10 毡包住宅

蒙古、哈萨克等族为适应游牧生活而使用移动的毡包，往往二三成组，附近用土墙围为牲畜圈。毡包的直径自4～6m不等，高2m余，以木条编为骨架，外覆羊毛毡，顶部装圆形天窗，供通风和采光之用。此外，因从事半农牧而建造的固定住宅，有圆形、长方形以及圆形与长方形相结合等形式，也有在固定房屋之外再用毡包的。

5.2.11 维吾尔族住宅

新疆维吾尔族的平顶住宅，大体分为两种类型。南疆的喀什，和阗等处用砖，土坯外墙和木架、密肋相结合的结构，依地形组合为院落式住宅。在布局上，院子周围以平房和楼房相穿插，而前廊建列拱，空间开敞，故体型错落，灵活多变。房屋平面以前室与后室相结合，附以厨房、马厩等。因气候炎热干燥，一般不开侧窗，而白天窗采光。另一种为

吐鲁番的土拱住宅，用土坯花墙、拱门等划分空间，院内以葡萄架加强绿化，并联系各组房屋。房屋布置也以前后室相连，基本上与喀什一带的住宅相同，但室内外装饰比较简单。

5.2.12　傣族干阑式住宅

我国南方多雨地区和云南贵州等少数民族地区，一般采用底层架空，它具有通风、防潮、防兽等优点，对于气候炎热、潮湿多雨的中国西南部亚热带地区非常适用。这类民居规模不大，一般三至五间，无院落，日常生活及生产活动皆在一幢房子内解决，对于平坎少，地形复杂的地区，尤能显露出其优越性。傣族民居多为竹木结构，茅草屋顶，故又称为竹楼。其下部架空，竹席铺地，席地而坐，有宽大的前廊和露天的晒台，外观上以低垂的檐部及陡峭的歇山屋顶为特色。

本章小结

中国历史悠久，疆域辽阔，自然环境多种多样，社会经济环境不尽相同。在漫长的历史发展过程中，逐步形成了各地不同的民居建筑形式，这种传统的民居建筑深深地打上了地理环境的烙印，生动地反映了人与自然的关系。中国汉族地区传统民居的主流是规整式住宅，以采取中轴对称方式布局的北京四合院为典型代表。民居建筑根据当地的自然条件、自己的经济水平和建筑材料特点，因地因材来建造房子。它可以自由发挥劳动人民的最大智慧，按照自己的需要和建筑的内在规律来进行建造。因此，在民居中可以充分反映出，功能是实际的、合理的，设计是灵活的，材料构造是经济的，外观形式是朴实的等建筑中最具有本质的东西。特别是广大的民居建造者和使用者是统一的，自己设计、自己建造、自己使用，因而民居的实践更富有人民性、经济性和现实性，也最能反映本民族的特征和本地的地方特色。

复习思考题

1. 中国五大民居是指哪五种民居建筑，其主要特点是什么？
2. 分析中国民居建筑的特点。
3. 分析北京四合院的建筑特色。
4. 分析徽派民居的“三雕”之美。

模块六　近现代建筑装饰

情景提示

1. 工业革命开始于哪个地方？
2. 什么是现代主义？
3. 简述装饰派艺术。
4. 晚期现代主义是怎样形成与展开的？
5. 后现代主义建筑装饰有些什么特点？
6. 建筑装饰的多元化是怎样形成的？

本章导读

18世纪中叶至20世纪中叶第二次世界大战结束，近代建筑装饰更加直观地、敏锐地、深刻地体现着社会的进步和科学技术的发展，更加广泛地展现了社会生活的方方面面，演绎出了更加动人、复杂、多元的建筑装饰艺术。

由于历史背景、政治环境、生活方式、价值观念、美学思想以及经济水平和技术条件在不同国家和不同时期有所不同，因而在近代建筑装饰发展进程中，设计思想异常活跃、复杂，产生了多种多样的建筑装饰风格和流派。但各种风格、流派之间并非限界分明、壁垒森严，各流派之间在人员和设计思想与主张方面，经常相互影响、互相渗透、互相转化，以至于作品常常是同时带有几种不同流派的特征，纯粹的、典型的东西总是很少。再有，一个流派中的成员因为个人有自己的侧重点，往往是大同小异，伴有个人艺术风格的存在。即使同一个人在不同的时期，也可能有不同的喜好和观点，而导致设计风格的变化。因此，在学习过程中，要在掌握各流派共同的设计思想和风格特征的基础上，逐步深入了解一些优秀设计师的设计主张和设计手法，这样才会对建筑装饰历史以及各种风格流派有全面客观的认识。

教学要求

①了解近现代建筑装饰的发展过程和取得的成就；②掌握近现代建筑装饰各流派的特点；③掌握近现代建筑装饰各时期各风格具有代表性的建筑设计师设计特点；④掌握近现代建筑装饰各时期各风格具有代表性的建筑的设计特点。

6.1　近代装饰设计的起始

18世纪上半叶到19世纪下半叶。正当资本主义上层阶级——新兴的资产阶级倡导和沉醉于新古典主义风格的室内装饰时，始于英国的工业革命，揭开了西方近代装饰设计的序幕。发端于木棉工业的机械，蒸汽机与冶铁技术等联合起来，促成生产技术上的大变革，在此技术与科学的结合下，使得科学技术的文明拓展出一条康庄大道。进而，机械与资本相结合，使资本主义经济迅速发展，造成了社会结构根本上的变动。新的建筑材料、新的结构技术、新的设备和施工方法，为近代建筑发展开辟了广阔的前景。正是应用了这些新的技术，一些新建筑在结构、功能、空间的设计上可以比过去自由得多，这必然要影响建筑装饰的变化发展。

1750—1850年，工业革命开始于大不列颠，随后到达法国、德国、比利时和瑞士等国。1782年詹姆士·瓦特发明了蒸汽机，它不仅能应用于纺织、冶金、交通运输、机械制造等行业，而且还可以使工业生产集中于城市。于是城市人口以惊人的速度增长起来，城市与市镇的数量和规模成倍地增长。一种新的都市化社会由此产生，对新建筑的需求也比以往任何时候都更为迫切。生产的飞速发展与人们生活方式的日益复杂，在19世纪后半叶对建筑提出了新的任务。同时，建筑装饰及室内环境需要跟上社会的要求。于是，设计师们努力加强与社会生活以及与工程技术、艺术之间的紧密联系，并开始在新形势下摸索建筑装饰设计的新方向。在这约100年间，设计师们克服种种阻力，突破万般艰难，不断追求认同的动向，我们称之为“近代设计运功”，它为多样化的近代设计奠定了基础。

6.1.1 工业革命的影响

工业革命带来的影响建筑装饰设计最大的新技术，就是新的建筑材料、结构技术和技术设备。

生铁作为建筑结构的主要材料始于近代。自从1779年第一座生铁桥在英国建成后，几年之内，生铁便被广泛运用于建筑中的柱子和框架。1785年熟铁发明获得专利，1856年又发明了柏塞麦炼钢法。钢材很快也被应用于建筑结构。

19世纪40年代，平板玻璃开始工厂化生产，50年代以后得以推广。为了采光的需要，铁和玻璃两种材料配合使用，在19世纪建筑中获得了新的成就。1848年在英国伦敦植物园中完全以铁架和玻璃构成的巨大建筑物——植物园的温室（图6–1）就是典型代表。这种构造方式对后来的建筑有很大的启示。

图6–1 英国伦敦植物园温室内景

工业促进了建筑材料和预制构体的工业化生产，实现了建筑工艺的改革。工业革命也促进了采暖、通风及卫生新技术设备的发展，新设备开始被用于民用建筑。集中采暖自罗马时代以后再没有用过，直至19世纪初，蒸汽供热的方式再次出现。冷热水系统和卫生设备在19世纪下半叶发展迅速。1809年，伦敦使用煤气灯，为生活开辟了新的时空领域——城市夜生活。1801年，伏特为拿破仑做了由一级电池产生电流的实验，到了19世纪80年代，那些买得起同时又敢于冒险的人已开始使用电灯。该世纪最后十几年，电梯、电话和机械通风相继问世。一百年间工业革命带来的巨大变革产生了一个全新的建筑体系，它向设计师提出了新的美学挑战。设计师面对如此巨大变化的环境，应如何应付变革和表达建筑艺术的新概念呢？

有一座英国建筑，比其他任何建筑更能体现这些新发现，因此是当时影响最大的创造。它就是1851年在英国伦敦海德公司（Hyde Park）为举行世界博览会而建造的“水晶宫”（图6-2）展览馆。它是一幢彻头彻尾预示和象征未来的建筑。设计人帕克斯顿是园艺师，他凭借建筑花房所积累的经验，解决了巨大空间的问题。水晶宫是预制装配式的，总面积为74000㎡，长度达到563m，宽度为124.4m，共有5跨。建筑外形为一简单阶梯形的长方体，并有一个垂直的拱顶，各面只显示铁架与玻璃，精巧透明。在这里，没有采用任何传统的装饰，而是完全表现工业生产的机械本能，产生了一种新的美学效果。在整座建筑物中，只应用了铁、木、玻璃三种材料。纤细的铁柱与纵横的铁桁架限定出巨大的适于展览用的空间展位，中央玻璃筒形拱顶下是类似于今天共享空间的大厅，高度达22m，中央种植有高大的活树，并配有喷泉及其他小型绿地。整个室内空间壮观而有秩序，既表现了当时卓越的铁结构技术，同时又不失自然情调。

19世纪中叶，随着新建筑类型的不断涌现，许多建筑师也在积极努力尝试用新的结构与新的材料来满足新建筑类型的要求。1858—1868年，在巴黎建造的巴黎国立图书馆就是一例（图6-3）。它的书库共有5层。地面与隔墙全是铁架与玻璃制成，这样既可以解决采光问题，又可以保证防火的安全。在书库内部几乎看不到任何历史形式的痕迹，一切都是根据功能的需要而布置的。从这里我们可以看到建筑内容开始要求与传统的装饰形式决裂。但是，就室内形式、风格而言，在阅览室等其他部分的处理上仍表现出受折中主义的影响，具有柱式特征的细铁柱支撑着铁制的带有精致镂空花饰的梁或券，上边是精巧美丽的有铁骨架支撑的筒形拱和带帆拱的穹顶。有些拱和穹顶上还开有玻璃天窗。室内气氛明快活泼，同时，又具有很强的古典韵味与气派。这种环境效果是金属装饰艺术的巨大成就之一。这表明建筑师们正在努力尝试铁架与玻璃的新的建筑装饰表现形式，既能充分发挥新材料的技术特性，同时又能创造崭新的室内空间形象。

图6-2　为伦敦第一届世界工业产品大博览会而设计建造的“水晶宫”

图6-3　巴黎国立图书馆内景

工业革命给建筑装饰带来了巨大影响。正像前面所提到的，新技术和新材料为人们制造出了前所未有的崭新的建筑形象和室内环境。它是工程师和建筑师尝试新技术与新建筑形式有机配合的结果。这种尝试随着工业革命的发展，一刻都没有停止。而工业革命后，机器化的社会大生产所带来的艺术领域中，思想、观念的冲突与变化，导致了多种艺术思潮的出现。一系列的设计创新运动又更进一步更广泛地推动了建筑装饰艺术的发展。欧洲真正在设计创新运动中有较大影响的是工艺美术运动、新艺术运动、维也纳学派与分离派、德意志制造联盟等。它们分别在净化造型、注重功能与经济、强调建筑装饰的工业化生产等方面迈开了新的一步。

6.1.2 工艺美术运动

在整个19世纪各种建筑装饰艺术流派中，对近代建筑装饰尤其是室内设计最具影响的，是发生于19世纪中叶的“工艺美术运动”（Arts and Crafts）。它是小资产阶级浪漫主义思想的反映。

工业革命后，工业技术的发展，改造了工艺美术品生产的主体，人们借助机器可以批量生产出粉气浮华、矫揉造作的艺术品。一方面是粗劣、大量地给予，一方面是无休止的需求，使这个时期新贵们的居家装饰拥塞不堪，繁复的窗框、厚重的窗帘、面与脚上堆满装饰的家具和钢琴、布满名画和饰物的墙面、花里胡哨的地毯，构成色调沉重、令人窒息的室内环境。

在这种品位低下的艺术品泛滥的时候，涌现出一批具有历史主义倾向的批评者，作为艺术家和评论家的他们把批判的矛头指向了机器。这些批评者中最杰出的理论家和艺术家是英国的普金和拉斯金。他们对机器、对模仿的憎恶，对手工艺时代的哥特风格的怀念，导致了建筑装饰艺术实践中趣味的转变，随之迸发了新的风格——工艺美术运动。

拉斯金的信徒、诗人和艺术家莫里斯是这个运动的先驱，他热衷于手工艺的效果与自然材料的美，强调古趣，提倡艺术化的手工制品，反对机器产品。他提出了“要把艺术家变成手工艺者，把手工艺者变成艺术家”的口号。1859年，他邀请原先在专做哥特风格的事务所中工作的同事韦伯（Philip Webb）为其设计新婚住宅。为了表现材料本身的质感，他们大胆摒弃了传统贴面的装饰而采用本地产的红砖建造，不加粉刷，因而该住宅得名为“红屋”（图6–4）。红屋的室内是由莫里斯和他的一帮属于拉斐尔前派的朋友设计。他们力图创造灵活、舒适的家居环境。起居室的设计最有代表性。屋顶木梁露明，其间铺板贴壁纸。壁炉一反过去石头雕筑的形式，采用清水红砖砌筑。这个壁炉造型饱满而独特，灰缝精细而多变，显示出极强的工艺性，与红屋建筑一样具有浓重的英国田园风味。

红屋中的壁纸色彩鲜亮、图案简洁，是莫里斯自己设计的。以后，莫里斯设计的壁纸大都是色彩明快，图案精练朴素。他朴素无华的装饰风格与其说是复兴了中世纪的趣味，不如说是为以后新的趣味形成开了先河。红屋建成后，这种审美情趣的实践日益扩大，工艺美术运动蓬勃地发展起来。

图6-4　红屋

莫里斯对近代艺术的另一个贡献是艺术教育。1894年，他在伦敦成立了手工艺中心学校，把设计和制作这两个传统上分裂的步骤结合在一起，这是近代艺术教育中第一个有手艺制作车间的学校。

在1862年伦敦博览会上，展示的日本工艺品，又使西方人领略到东方艺术的风采，这也深深地影响了新兴的装饰风格。其室内装饰特点：室内色彩讲究，顶棚为深蓝色，墙面为棕色的屋子配以黑色或灰绿色的门；墙和顶棚为黄色，门则用暗绿色或褐紫色；镶着吊顶板的顶棚木梁多为露明，饰重颜色；墙面沿垂直方向上用木制中楣将墙划分成几个水平带。沿顶棚的上楣用石膏做成，每个水平带的壁纸各不相同。最上部有时用连续的浅石膏花做装饰，或是贴着鎏金的日式花木图案的壁纸；壁纸和地毯等织物多为平面图案；木框托着最时髦的来自日本的装饰品——古扇、青瓷挂盘等；在门框上方悬挂着厚重的织毯。

在工艺美术运动期间，对以后室内设计颇具影响的另一个现象是专业书刊的大量出版，与以往类似的书籍不同的是，它们并不以介绍名设计为宗旨，而是引导如何从细微之处入手，分门别类地装修室内。

工艺美术运动的影响在家具设计方面也有其显著的表现。作为理论家和著名设计师，普金主张研究历史旨在探索其原理，然后予以提炼。他率先将自然题材融入家具领域，据此制造出造型简朴，属直线样式的哥特式家具［图6-5（a）］。

1861年，莫里斯等人成立了“莫里斯（Morris）、马肖尔（Marshall）、福科公司（Faulker co.）”，专门从事手工艺基础上的家具、染织、地毯、壁纸、铁花栏杆等实用艺术品的设计与制作。旨在让划时代的艺术家和设计师以完全的艺术化创作与设计完成“艺术化”的产品。公司同时生产莫里斯称为“生活必需”和“华贵家具”两大类家具产品，著名的“莫里斯椅”就体现了“华贵家具”的特质［图6–5（b）］。他们的设计风格体现了崇尚哥特风格，主张从自然尤其是植物的纹样中汲取精华和养料［图6–5（c）、图6–5（d）］。

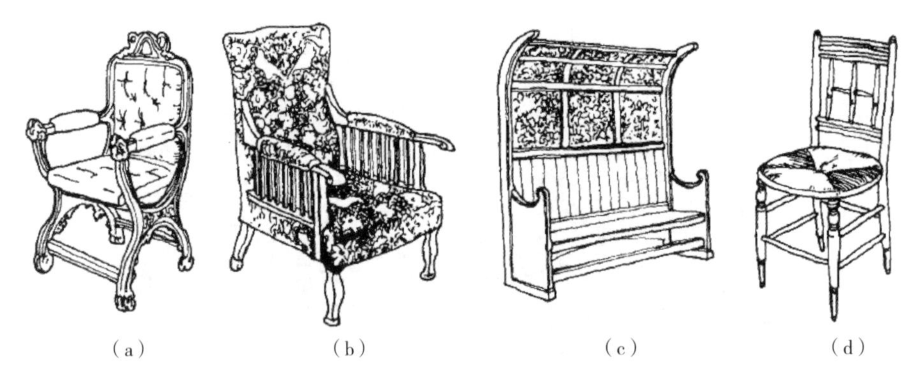

（a） （b） （c） （d）

图6–5 工艺美术时期的家具
（a）普金设计的椅子 （b）莫里斯椅
（c）、（d）莫里斯、马肖尔、福科公司设计的椅子

莫里斯把长期以来人们所轻视的工艺美术和手工技艺提高到了应有的地位，有力地推动了英国工艺美术运动的发展，预示了设计史上新时代——运用以功能为原则的设计语言时代的到来。

在大西洋彼岸的美国，受莫里斯及其工艺美术运动的影响，仿效英国成立了许多协会并举办展览，对促进美国工艺美术运动的发展起到了积极的作用。

总之，工艺美术运动在莫里斯等人的领导下，首先提出了“艺术与技术结合”的原则，倡导实用性为设计要旨。他们将功能、材料与艺术造型结合的尝试，对后来的建筑及室内装饰有一定的启发。他们在设计中多采用动植物作纹样，崇尚自然造型，讲求“师法自然”并予以简化，在工艺上注重手工艺效果与自然材料本身的美，创造了新的建筑装饰艺术语言。在家具方面总体上追求质朴、大方、适用、简洁的特色。在室内环境和家具陈设布局上注重协调，整体感觉得体而适度。这些是工艺美术运动对以后建筑装饰发展的主要影响。但是莫里斯和拉斯金等人在思想上把用机器看成是一切文化的敌人，在艺术创作上，没能主动反映工业时代的特点，最后使这个运动的思想性减弱，为艺术而艺术的唯美主义倾向占了主流。

6.1.3 新艺术运动

工艺美术运动对欧洲大陆和美国的影响并不大，当时流行的风格仍以巴黎美术学院所倡导的学院派风格为主导。它是以17、18世纪法国古典主义为基础，室内豪华、奢侈，在建筑装饰上有强烈的巴洛克特征。

19世纪后期，这种保守的艺术风格还在盛行时，出现了一批新派设计师。他们极力反对历史的样式，想创造出一种前所未有的、能适应工业时代精神的简化装饰，寻求一种新的艺术设计语言。他们从英国的工艺美术运动获得了启示，承袭了流畅的曲线和简捷的造型。受后期印象派和日本艺术的影响，在半抽象的形象中实现形式和色彩的综合。他们热切地探索新兴的铸铁技术所带来的艺术表现的可能性，使他们的新艺术获得了不同于工艺美术运动的新艺术内涵。他们的艺术迎合了当时知识界和中产阶级的趣味，渐渐地，一种新的装饰风格形成了：用不对称的、动态的、模仿植物藤蔓和纤细比例的曲线作为装饰母题，并把它们淋漓尽致地运用在家具、壁纸、窗棂、栏杆及梁柱之上。到了19世纪末，这一派已炉火纯青，建筑从里到外，从整体到局部，都用这些风格装饰成统一的整体。这便是19世纪后期兴起的新艺术运动，以及由此产生的国际性装饰风格“新艺术风格”。

当时铸铁技术发达，铁便于制作出各种充满弹性的曲线，更像自然界中生长繁盛的草木的曲线，因此“新艺术”派的装饰中大量应用铁构件。

19世纪末，“新艺术”派艺术开始在全世界广泛流传，由于各民族审美观的不同，和“工艺美术运动”一样，“新艺术”也有其各种各样的意识形态的内涵，从而形成了“新艺术”运动特色各异的多种分支。

19世纪80年代新艺术运动最早在比利时开始，“新艺术”风格最先在比利时成熟。

比利时是欧洲大陆工业化最早的国家之一。19世纪末，布鲁塞尔成为欧洲文化和艺术的一个中心。由于比利时艺术家们对独立民族风格的渴望，19世纪80年代新艺术运动最早在比利时开始，“新艺术”风格最先在比利时成熟。这个风格的肇始者是杰出的建筑师霍塔。他把建筑和室内装饰结合起来，使他本人成为一位出色的建筑设计师。1897年他设计了布鲁塞尔人民宫。建筑外墙裸露铁框架，玻璃、石、砖、铁这些不同的材料很好地融合在一起；室内也延续了这一风格，梁、柱用铁制卷须连接成统一体（图6–6）。这个建筑与服务于上流社会、奢侈豪华的学院派风格截然不同，因而成了竞相仿效的榜样。

图6–6　布鲁塞尔人民宫内景

图6-7 布鲁塞尔都灵路12号住宅

霍塔早期另一代表作是布鲁塞尔都灵路12号住宅。与其他“新艺术”建筑一样，该住宅外装修较为节制，而室内装饰却热情奔放：铁制龙卷须把梁柱盘结合在一起；天花的角落和墙面也画上卷藤的图案。从楼梯栏杆到灯具及马赛克地面也都是这一图案（图6-7）。

霍塔的设计特色还不局限于这些活泼、有张力的线型。他对近代室内空间的发展也颇有贡献。用模仿植物的线条，把空间装饰成一个整体，无疑与后来现代主义建筑中“整体空间”的概念非常相近。他设计的室内空间通敞、开放，与传统的封闭式空间绝然不同。1898年建成的霍塔自己的住宅就是一典型代表。与工作室相通的楼梯间设计颇具特色：顶光自上而来，墙壁上有镜面相映射，使空间显得明亮轻快。在这里，霍塔通过对木材、铸铁和玻璃的加工，获得了气氛活泼、连续统一的空间。霍塔喜欢用染色玻璃，他把染色玻璃嵌入墙壁、镜子、门和窗子甚至顶棚上，用现代眼光看，他的作品是把最优秀的欧洲传统和现代技术结合起来的典范。

与霍塔齐名的比利时“新艺术”派的艺术家维尔德还是位理论家。他认为：“为了漂亮而追求漂亮是危险的”，他的设计原则是尽量避免到处装饰。他设计的家具，装饰极少，但曲线强劲有力，用艺术的形式把力的概念显现出来。这比霍塔用优美的、富有张力的曲线构成的家具更觉严谨（图6-8、图6-9）。

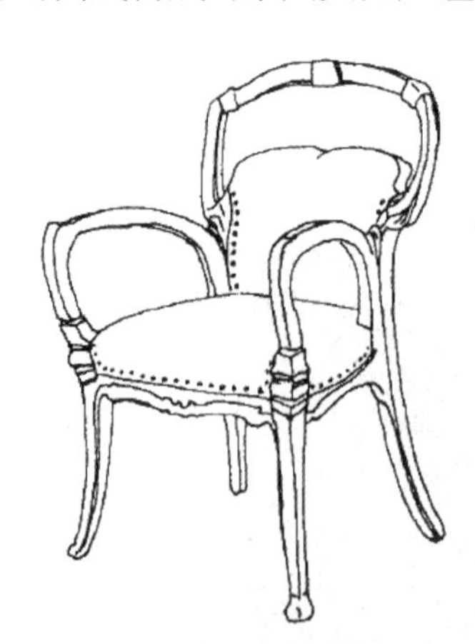

图6-8 霍塔设计的椅子

图6-9 维尔德设计的椅子

1895年，来自汉堡的画商萨莫尔·宾在巴黎开设了一家名为“新艺术”之家的陈列室，邀请维尔德主持室内设计。他的新风格引来了舆论界的关注，虽然褒贬不一，但对“新艺术”运动在法国的流传起了积极的作用。

法国时尚的“新艺术”代表人物是海格特·桂玛德，他是一位注重对装饰方案进行整体构思的设计师。他擅长弯曲的植物般造型风格，他设计的房子外观形象就像树木自由地生长在树林中一样。桂玛德的代表作是1900年设计的巴黎地铁车站。在这里他使用了青铜等多种材料和不对称的形式，运用曲线、卷线、植物茎叶、动物图案甚至贝壳状的东西来装饰地铁入口、栏杆和其他部分（图6-10）。

法国新艺术运动除了巴黎外，另一个中心就是南希市。领导核心人物为埃米尔·加莱。1900年，他在《装潢艺术》杂志上发表题为《论自然装饰现代家具》的文章，认为自然是设计师灵感的源泉，提出家具设计的主题要与产品的功能相吻合。他在家具设计中经常使用各种不同的木材进行镶嵌、拼接，并注意保持木料的本色，多采用动、植物作为基础造型图案。加莱是法国“新艺术”运动中较早提出注重产品功能的设计师，他的家具既有较好的使用功能，又有精美雅致的装饰。但只能单件手工制作，未能与机械化生产联系起来（图6-11）。

图6-10　桂玛德设计的巴黎地铁车站

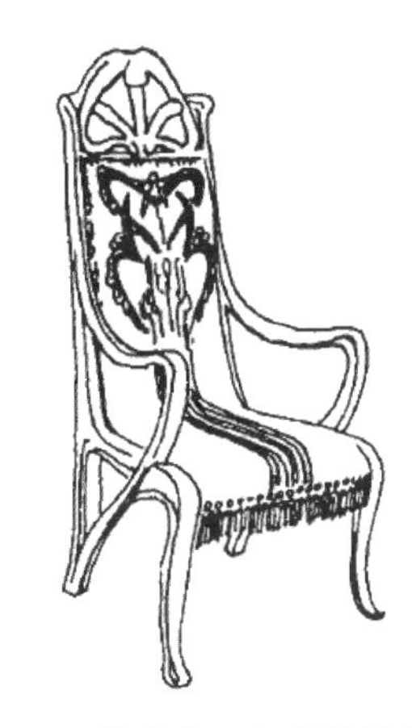
图6-11　埃米尔·加莱设计的椅子

“新艺术”风格在意大利称之为“自由风格”，室内装饰大多是线性图案，造型在本质上与法国的“新艺术”并没有多大改变。

“新艺术”运动在德国称之为“青春风格”，1896年在慕尼黑创办的《青春》杂志，其名字就表露出反传统的信念。1899年，维尔德来到了柏林，设计了一个理发厅和一个烟草公司雪茄店。这两个设计都适应了德国德趣味，曲线图案变成了规则的几何形。理发厅的设计还引起了舆论哗然，因为暴露了水管和电线。“青春风格”的家具已具现代主义特征，与其他国家的“新艺术”运动家具区别不大。

1870年以后，俄国民族意识开始觉醒，复兴了民间工艺。这时期的室内设计风格兼容了欧洲象征主义和法国的“新艺术”风格。

西班牙的“新艺术”运动同俄国一样也具有浓郁的民族主义色彩和意识形态倾向。

代表人物是高迪。其艺术风格虽可识别是属于新艺术的，但它是从西班牙的过去（既有基督教的也有阿拉伯的）中产生的。高迪创造的艺术形象，往往源于他对自然各种形体结构——如壳体、人、骨架、软骨、熔岩、海浪、植物等与众不同的理解，并极力使由此而产生的塑性造型和色彩与光线的幻想渗透到三度空间的建筑中去。因此，高迪获得了最具个性的建筑艺术风格。高迪的代表建筑作品有巴特罗公寓（图6-12）、米拉公寓和奎尔公园（图6-13）。

图6-12 巴特罗公寓外观和室内楼梯

图6-13 奎尔公园

在他充满起伏的怪异的建筑形体之内，高迪所创造的室内空间更见与众不同。任何房间和内墙都没有直角体系。高迪用扭曲的墙面、顶棚和门窗洞口表现出强劲有力的男性美。曲线像是在巨大的内力推动下，不可抑制地向前伸展，向四周波动。高迪最喜爱圆柱状体、双曲面和螺旋面，这些都是可以在自然中见到的形体，虽然在外形上看似摇摇欲坠，但事实上是经过深思熟虑的设计，在结构上无懈可击，这得益于他深入研究并掌握了当地传统的细腻严谨砌块技术。高迪在处理墙面时，也不像其他“新艺术”的设计师那样把表面处理的光滑平整，并加上流畅秀眉的线条。他往往是裸露石块加工的痕迹、砖的砌缝、碎玻璃和马塞克的拼缝，即便是抹灰，上面也有斑驳的色块和裂纹。这些纹理又顺着动态的墙面蔓延、冲突，仿佛是长时间被侵蚀后的遗迹。

“新艺术”运动在英国也有它的支持者，麦金托什便是其中之一。他被认为是与霍塔和高迪齐名的当时最伟大的建筑家，他在世时已具有相当的国际影响。他在格拉斯哥设计的房屋都有“新艺术”派的特点。其主要作品是1896年在竞赛中获胜的格拉斯哥艺术学校。该建筑无论室内室外，都是“新艺术”的精致，细部同传统苏格兰石砌体坚强朴素的性格形成对照。在正立面上，巨大开敞的工作室窗户饰以优美的曲线型铁支托，与粗壮的石墩柱相交替。在较后建的西立面上，照亮图书馆的三个高凸窗用铜件框起来，与围绕它们的石砌体形成丰富而戏剧性的对比。建筑内部是以最符合功能方式进行的组合，在柱、梁、顶板及悬吊的事物上使用了明显的竖向线条及柔和的曲线（图

6-14）。灯具、门的配件、窗户、期刊书桌台等所有细部都是他设计的。

从麦金托什的室内及家具设计上可以看出他已开始摆脱为艺术而艺术的陷阱，努力将形式与功能巧妙地结合在一起。例如在一个餐室设计中，使用了造型新颖的高靠背椅，当人们就餐时，椅子的靠背自然形成一个矮屏障，减少了空间的尺度，增强了餐桌上的亲切气氛（图6-15）。

图6-14　格拉斯哥艺术学校阅览室一角

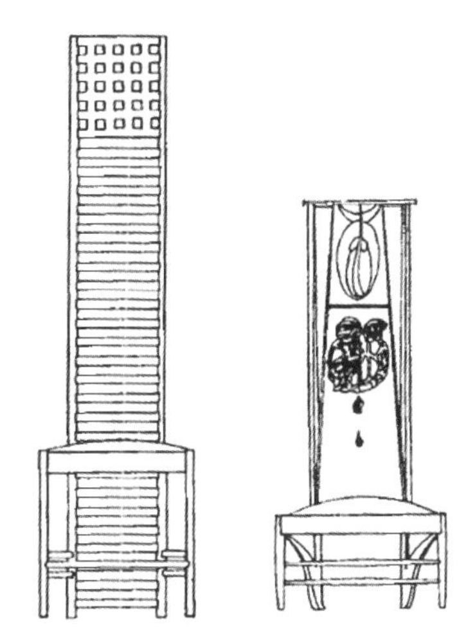

图6-15　麦金托什设计的高靠背椅子

麦金托什的设计风格以及他把使用功能有机地结合在艺术创作之中，这些对于20世纪初的现代主义设计运动的形成有着积极的影响，对当时维也纳艺术家们的影响尤为深刻。

“新艺术”运动在装饰上的雕琢，承袭了洛可可艺术的传统，但和洛可可有着本质的不同，它摒弃了古典的构图，探索新的艺术形式，并开始拥抱现代技术和现代材料。它们对新形式的探索、对传统形式的净化，以及使用简单化的构图和形式成为一种新的美学趣味，为不久之后现代主义的到来打开了大门。

1910年之后，“新艺术”运动受到工业社会世界性经济危机的打击而衰落。此后建筑装饰向两个方向发展：一个是以批判“装饰”为立场，探求适应工业社会生产方式的现代主义的设计风格；一个是以坚持“装饰”为立场，探求工业生产的装饰美，这个设计方向最终造就了法国装饰派艺术。

19世纪80年代，“新艺术”运动最早在比利时开始，“新艺术”风格也最先在比利时成熟。

6.2　近代装饰设计的出现与发展

随着工艺美术运动的热潮，人们开始努力尝试着保护人类与生活环境免遭机械与近代工业的侵害，渐渐地培养出近代设计的一种理性思想。19世纪末，欧洲大陆及美国便开始对合理的设计进行摸索，不久之后，德国成为了近代设计运动的中心。不过，这时仍有种种理想与现实之间的冲突存在，后来，近代设计好不容易才在这种复杂的状况中萌芽，并开始发展。

6.2.1 维也纳分离派

在“新艺术”运动的影响下，奥地利形成了以瓦格纳为首的维也纳学派。

1894年，53岁的瓦格纳就任维也纳艺术学院教授。次年出版专著《论现代建筑》，提出新建筑要来自当代生活，表现当代生活。他认为：“没用的东西不可能美”，并主张坦率地运用工业提供的建筑材料。他推崇整洁的墙面、水平线条和平屋顶，认为从时代的功能与结构形象中产生的净化的风格具有强大的表现力。维也纳邮政储蓄银行（Post Office Saving Bank，Vienna）是瓦格纳理性主义建筑观念的代表作品（图6-16）。建筑高6层，立面对称，墙面划分严整，仍带有文艺复兴建筑的敦厚风貌。但细部处理新颖，墙面装饰与线脚大为减少。表层的大理石贴面细巧光滑，用铝制螺栓固定，螺帽暴露在墙面上，产生装饰效果。银行内部营业大厅的处理非常新颖：室内采用满堂的玻璃顶棚，由纤细的铁架和玻璃组成；中厅高起呈拱形；两行钢柱上大下小，柱子的铆钉也裸露出来，墙和柱都不事装饰，这些与四周铝制散热罩相呼应。室内家具设计独特，采用了铝制螺钉和椅脚，与周围环境达成一致。整个营业厅空间白净、明亮，充满了现代感。这里虽然运用了大量铁件及曲线造型，但与新艺术派过分装饰的情趣大不相同。除了车站、厂房和暂设的展览馆外，如此简洁创新的建筑及室内装饰处理在当时的公共建筑中尚属首创。

图6-16 维也纳邮政储蓄银行营业厅

瓦格纳的观念和作品影响了一批年轻建筑师。他们宣称要和过去传统决裂，要从古典艺术风格中“分离”出来。他们力求用净化的手法从传统技艺的烙印中解脱出来，主张几何造型和机械化的生产技术相结合，使设计的产品都具有几何直线型的共同特征。分离派的设计师们还曾对麦金托什进行了探入研究，研究他对朴素和优雅、实用和装饰融合的特色，特别是他对垂直线的强调，以及对特殊高度中装饰图案处理的谨慎的态度。从而发展了麦金托什的设计风格，使其适合于当时欧洲的审美情趣。

由此形成了分离派的设计风格：他们运用华丽的材料、色彩和质地，强调垂直线条，倾向于简洁明晰的几何体形体及构成设计，将方、圆、三角等简单的几何体形作为构成的基本因素。

1898年，建筑师奥别列去设计的维也纳“分离派会馆”是分离派典型的代表建筑（图6-17）。简单的立方体与装饰着直线的大片的光墙面构成了厚重的建筑土体，其特殊之处是在建筑之上安置了一个很大的金色的金属镂空球体，使这个原本一般的建筑变得轻巧活泼起来，并给奥别列去带来声誉。

图6-17　维也纳分离派会馆

维也纳的另外一位设计师卢斯是对设计理论有独到见解的人。1908年，卢期发表题为《装饰与罪恶》（英译名*Ornament and Crime*）的文章，从文化史、社会学、精神分析学等方面对装饰进行了讨论。他主张建筑和实用艺术应除去一切装饰。认为装饰是恶习的残余。卢斯的思想反映了当时一些设计师在批评。为“艺术而艺术”中的另一极端。卢斯这篇反对装饰的文章引起新派艺术家的注意和赞赏，使他成为国际知名人物。

卢斯的设计在近代设计史上也占一席之地。早在1898年，他设计的维也纳一家商店的室内，就毫无一点可称为装饰的东西，而完全依靠高质量材料的组合，以及各种构件边界线条的比例和节奏。卢斯的住宅室内设计一般也朴素大方，室内暴露梁架，家具简朴，并有许多固定在建筑中的橱柜。门窗的木边框平平整整，不饰线脚。这些住宅中最著名的要数1910年卢斯在维也纳设计的斯坦纳住宅（Steiner Home）（图6–18），被认为是后来出现的现代主义建筑装饰风格的先型。

图6–18　斯坦纳住宅外观

卢斯处理室内家具陈设的方法与“维也纳工作室”不同，他反对“整体的艺术”的设计观念。他认为在“整体的艺术”框框下，业主失去了自由选择的权力。

总之，无论从道德上，还是从技术上，卢斯都十分憎恶任何浪费现象，这也许是他抨击过分装饰的基本原因，这也是他对以后现代主义设计思想的形成所做的最重要的贡献。因此。卢斯可算是现代主义运动的先驱，虽然他还不能抓住机器化生产给现代设计带来的机遇。

当一部分设计师和理论家们还在艺术的象牙塔中探索时，也有不少高瞻远瞩的人已经开始拥抱机器文明了。

6.2.2　芝加哥学派与德意志制造联盟

最早把建筑与机器化工业生产相结合的要数美国的“芝加哥学派”和德国的“德意志制造联盟”。他们是现代主义运动的奠基者。

6.2.2.1　芝加哥学派

芝加哥在19世纪前期是美国中西部的一个普通小镇。在19世纪后期飞速发展起来。19世纪80年代初到90年代中期，在芝加哥出现了一个后来被称为“芝加哥学派”的建筑工程师和建筑师的群体，他们当时主要从事高层商业建筑的设计和建造工作。

工程师和建筑师们积极采用新材料、新结构、新技术、新设备，认真解决新型高层商业建筑的功能需要；这一时期的建筑在形式上、历史样式、特定风格、装饰雕刻等被视为多余的东西而被削减甚至取消。为了增加室内的照度和通风，窗子要尽量大，而全金属框架结构提供了开大窗的条件。这一时期出理了宽度大于高度的横向窗子，被称为“芝加哥窗”。

19世纪末，“芝加哥学派”中最著名的建筑师是沙利文。他一生建成190多座房屋。早在1892年，沙利文在“建筑的装饰”一文中就曾指出装饰是次要的。沙利文在1896年又写道:“自然界的一切事物都有一个外貌，即一个形式，一个外表，它告诉人们它是什么东西，从而使它与我们以及其他事物有所区别。”因此，他对建筑的结论就是要给予每个建筑都有适合的不错误的形式，认为这才是建筑创作的目的，他还进一步强调:“形式永远跟从功能，这是法则……，那里功能不变，形式就不变。”

沙利文的设计思想在当时具有一种革命意义，为功能主义设计的思想开辟了道路。

沙利文著名的作品有会堂大厦、CPS百货公司大楼（图6-19）等，但是细观察沙利文的作品，可以看出他并非单纯地按“形式跟从功能”的原则办事，实际上他还有其他的原则。例如他早期设计的会堂大厦外观充满了装饰性的线脚。在其内部，剧场顶棚的拱下装饰了白炽灯泡，这是近代装饰史中第一次使用电灯做装饰物，而那些被称为“金拱”的一系列同心椭圆形拱没有结构功能，只是用来遮掩管道和增强音响效果，室内的通风系统入口也成了装饰的有效部分。在CPS百货公司大楼的设计中，他在底层和入口处采用了不少铁制花饰，图案相当复杂，在窗子的周边也有细巧的边饰。沙利文的其他建筑作品也都有不少的花饰。1890年，另一位芝加哥设计师对沙利文说：“你把艺术看的太重了!”沙利文回答说：“如果不这样的话，那还做什么梦呢？”他还曾写道：“一个真正建筑师的标准，首要的便是诗一般的想象力。”沙利文的作品表明，他除了“形式跟从功能”之外，还有更重要的追求，他要通过建筑形象表现他的艺术精神和思想理念。他从来没有像建筑工程师那样把房屋当作一个单纯实用工程物来对待，而是把工程和艺术、实用与精神追求融合在一起。沙利文还有一句名言：“真正的建筑师是一个诗人，但他不用语言而用建

图6-19　芝加哥CPS百货公司大楼

筑材料”。

沙利文在艺术上不仿古，不追随某一种已有的风格。他广泛汲取各种各样的手法，然后灵活运用，使他的作品既体现了理性精神，又充满了浪漫主义的色彩，与同时代那些仿古的建筑区别开来。创造出了当时美国独特的建筑风格。

总的来看，以沙利文为代表的芝加哥学派，对建筑艺术的发展起了一定的推动作用，他们明确了功能与形式的主从关系，探讨了新技术在高层建筑中的应用，并能使建筑艺术反映新技术的特点，简洁的立面符合新时代工业化的精神。

1893年，芝加哥举办了一次盛大的世界博览会，东部的大企业家为表现“良好的情趣”，决定模仿欧洲古典风格，以赢得世界市场，芝加哥学派的作品受到排斥。1893年以后，仿古建筑之风再次弥漫全美国，在特殊地点和时间内兴起的芝加哥学派犹如昙花一现，很快烟消云散了。

6.2.2.2 德意志制造联盟

1870年德国成为一个统一的国家，经济实力增长迅速。为了将自己的产品打入已被瓜分过的世界市场，他们特别注意改进产品质量，其中重要的一环便是改进产品的设计。

德国的设计师们对其他国家特别是英国的经验教训进行了深入的研究。认识到英国工艺美术运动致命的缺点在于反对工业化，因此开始主张迎接工业和科学的挑战。在官方的支持下，一个旨在把制造商和艺术家联合起来，创造一种机器时代下新设计风格的组织——“德意志创造联盟”在1907年于慕尼黑成立。他们选择各行业包括艺术、工业、手工艺等方面的最佳代表，联合所有力量向工业领域的高质量目标迈进。

在德意志制造联盟的设计师中，最享有威望的是建筑师贝伦斯（Peter Behrens），他以工业建筑为基地来发展真正符合功能与结构特征的建筑。他认为建筑应当是真实的，现代结构应当在建筑中表现出来，这样会产生前所未见的新形式。1909年，他为通用电气公司设计的透平机车间（AEG Turbine Factory）造型简洁，摒弃了任何附加的装饰，成为现代主义建筑的雏形（图6–20）。

在家具设计领域，联盟的成员们致力于创造适于机器生产的设计风格。他们采用工业化方式生产家具，强调产品的标准化，并开始把目光转向民众，生产出的家具合乎功能，造型简练（图6–21），成本较低。德意志制造联盟在大原则上肯定了机械作为新兴制作工具的价值，认为一旦将来人们能够充分运用机械，它将为未来的设计思想提供无限的可能性，这种积极的行动和科学的见解，为现代家具的发展带来了新的契机。

图6–20　通用电气公司透平机车间

图6–21　德意志制造联盟设计的家具

从1907年到第一次世界大战爆发的几年中，联盟的活动产生了广泛的影响。奥地利、瑞士、瑞典和英国相继出现了类似的组织。联盟同时培养和影响了一批年轻的建筑师和设计家，其中著名的有格罗皮乌斯、密斯·凡·德·罗和勒·柯布西耶，此后他们都已成为为现代主义运动做出突出贡献的著名建筑大师。

第一次世界大战后的20年代，德意志制造联盟继续积极活动，1927年它在斯图加特举办的一次住宅建筑展览是近代建筑史上一次重要事件。1933年希特勒在德国执政，德意志制造联盟宣告解散。

6.2.3　表现派与风格派

1914—1918年，发生了第一次世界大战，欧洲许多地区遭到了严重破坏。大战之后，欧洲的经济、政治条件和社会思想状况较战前有非常大的变化。在建筑装饰艺术领域，给主张革新的艺术家和设计师们以有力的促进。

第一，战后初期，欧洲主要国家都陷于了严重的经济危机之中。经济的拮据促进了在建筑中讲求实用的倾向，给对于讲形式、崇尚虚华的复古主义和浪漫主义带来了严重打击。

第二，20年代后期，欧洲各国经济逐渐恢复，工业和科学技术迅速发展，导致建筑技术大幅提高，新材料不断涌现。

第三，随着科学技术的进步，人们的社会生活方式发生了很大改变。这就要求建筑领域的设计师们面对新形势下的社会生活。广泛了解人们的客观需要，创造新的建筑环境。

第四，第一次世界大战给欧洲人民带来的悲惨经历，使各国各阶层的人民普遍产生了告别旧时代开始新生活的思想。同时，随着整个社会文化与科学的进步，人们的审美观点和爱好也跟着发生了变化。人心思变的情绪给建筑革新运动提供了有利的气氛。

在第一次世界大战结束后相当长的一段时间内，出现了很多新的设计流派和风格。其中比较有影响的派别有战后初期的表现派、风格派等。20年代后期伴着现代主义设计思想的成熟与传播，国际式风格逐渐成为建筑艺术的主流，它持续时间长，影响范围广泛而深远。

6.2.3.1 表现派

20世纪初，欧洲出现了名为“表现主义”（Expressionism）的绘画、音乐和戏剧。表现主义艺术家认为艺术的任务是表现个人的主观感受和内心的体验。在表现派绘画中，外界事物的形象不求准确。常常有意加以改变。画家心目中天空是蓝色的。它在画中可以不顾时间、地点，把天空全画成蓝色，马的颜色则按画家的主观体验，有时画成红色的，有时又画成蓝色。一切都取决于画家主观的“表现一需要，他们力图把内心世界的某种情绪、观念或梦想表现出来，并借助奇特的形式来引发观者的某种情绪。包括恐怖、狂乱等心理感受。”

第一次世界大战前后，表现主义在德国、奥地利等国开始盛行，1905—1925年，建筑领域也出现了表现主义的作品，其特点是通过夸张的造型和构图手法。塑造超常的、强调动感的建筑形象。以引起观者和使用者不同一般的联想和心理反应，在进行建筑设计构思时，往往把自己的想法以极快的速度画成毛笔速写，然后以建筑手段予以实现。

最具有表现主义特征的一座建筑物是德国建筑师门德尔松（Eric Mendelsohn）1921年设计完成的波茨坦市爱因斯坦天文台（Einstein Tower）。1915年爱因斯坦完成了广义相对论，这座天文台就是为了验证爱氏的理论而建造的。对一般人来说，相对论是深奥、新奇又神秘的，门德尔松抓住这一印象，把它作为表现的主题。他用混凝土和砖塑造了一座混混沌沌的多少有些流线型的建筑，上面有一些不同一般形状的窗洞和莫名其妙的突起（图6–22）。整个建筑造型奇特，难以言状，倒真是能叫人产生匪夷所思、神秘莫测的感受。

图6–22 波茨坦市爱因斯坦天文台

6.2.3.2　风格派

第一次世界大战期间，荷兰是中立国，因此在别处建筑活动停顿的时候，荷兰的造型艺术却继续繁荣。荷兰画家蒙德里安（Piet Mondrian）、画家兼设计师凡·杜埃斯堡（TheoVan Doesburg）与里特维尔德（Gerrit T·Rieweld）等人形成了一个艺术流派，因1917年出版了名为《风格》（*De stijl*）的期刊，故得名“风格派”。

1918年，风格派发表《宣言》，其中写道：“有一种旧的时代意识，也有一种新的时代意识。旧的是个人的，新的是全民的。……战争正在摧毁旧世界和它的内容”，“新的时代意识打算在一切事物中实现自己……传统、教条和个人优势妨碍这个实现。……因此，新文化的奠基人号召一切信仰改造艺术和文化的人去摧毁这个障碍”。在这种反传统的新观念驱使下，新潮的风格派艺术家们有了全新的艺术追求。他们提倡“排除一切自然形象”的“纯粹的表现艺术”，通过形式与色彩的纯正来表现一种和谐。为了适应机器生产的需要，风格派中的造型艺术家们开始寻求一种不受时间和外界因素影响的造型手法。他们强调艺术需要简化、抽象，认为最好的艺术应该是基本的几何形体的组合和构图，任何物体都可以由各种不同的平面和色彩组成。为了获得构图的均衡和视觉的和谐，他们拒绝除矩形以外的一切形式，并把色彩简化为黑、白、灰和红、蓝、黄，要求艺术造型要“真实”“精确”地组合这些彩色的、垂直与水平向的平面。绘画成了几何图形和色块的组合。题名则为“有黄色的构图”“直线的韵律”或“构图第×号”。这种绘画通过色块来吸引人的视觉，与中世纪的彩色玻璃窗一样动人。风格派的雕塑作品则往往是一些大小不等的立方体和板片的组合。风格派的绘画和雕塑，从反映现实生活和自然界的要求来看，固然没有什么意义，然而风格派艺术发挥了几体形体组合的审美价值，它们很容易也很适于移植到新的建筑与家具艺术中去。

1917年，里特维尔德设计了被誉为“现代家具与古典家具分水岭”的“红蓝椅”。在这把椅子上，螺钉代替了过去的榫卯结合；水平、垂直的框架和平板相互独立又相互穿插；蓝色的坐面，红色的椅靠，与端面采用红、黄两色的黑色框架十分醒目，如同立体化的蒙特里安的绘画。整个设计呈现出一种简洁、明快的几何美，又具有雕塑形态的空间效果和体量感。因而被杜埃斯堡形容为“抽象的实体雕塑”。红蓝椅的问世，表明了审美和空间物体可以由直线材料构成，也可以由机器生产。它是风格派艺术家理论的完美取现。用里特维尔德自己的话说就是“……构成一样物体或一个空间形体的美感，只能是直线和机器生产出来的材料，要体现出造型和结构的纯真性”，“要选择一种基本的式样，使其与功能以及所用的材料的种类相一致，并且以一种最能产生协调感的形式出现。结构的功用就在于把单个的零件相互连结起来，不需要任何做作的处理。”

就功能而言，红蓝椅既不雅致，又不舒适，也不是根据一般公认的木工原理而装配，就连作者本人也抱怨坐在上面硌得疼痛。显然，形式的美感决定了红蓝椅的产生。但是，里特维尔德的大多数家具可以顺利地运用机器复制和生产倒是事实。

最能代表风格派建筑特征的是里特维尔德设计的位于荷兰某地的施罗德住宅。这座建筑大体上是一个立方体。但设计者将其中的一些墙板、屋顶板和几处楼板推伸出来，稍稍脱离住宅主体。这些延伸挑出来的板片横竖相间，相互搭盖，形成纵横穿插的造型，加上不透明的墙片与大玻璃窗德虚实对比，蓝灰色和白色的墙面穿插着黑、白、红、黄的纯色线条，造成活泼新颖的建筑形象。施罗德住宅的室内设计与建筑外观在风格上统一，在黑、白、灰的调中央点缀红、黄、蓝三原色，虽然是很鲜艳的颜色，但分布巧妙并不显得纷乱。由于住宅业主施罗德夫人提出是否不用墙，但仍可分割空间的想法，里特维尔德在二层室内创造性地使用了活动隔断墙。然而他却把他设计的家具除椅子外全部固定住，可能是为了起到一定的限定空间的作用。当打开室内隔断墙时，整个空间呈现出很强的开放性和流动感。

总的来看，里特维尔德通过矩形的面和线与纯净色彩的穿插、错动，创造出来的家具与建筑，似乎可以说是具有实用功能的风格派雕塑，并集中体现了他所追求的"要素性、经济性、功能性、非纪念性、动态性、形式上反立方体、色彩上反装饰的设计原则"。他在《造型建筑十六点》中写道："新建筑是反立方体的，也就是说，它不企图把不同的功能空间冻结在一个封闭的立方体中，相反，它把功能空间细胞以及阳台、楼板等从立方体的核心中以离心的方式甩开"。

风格派作为一个独立的流派存在前后不到14年。创建者凡·杜埃斯堡于1931年去世，风格派组织逐渐消散。但由风格派发展起来的以清爽、疏离、潇洒为特征的抽象几何造型艺术，却对现代建筑、环境设计和工业产品的设计都产生了很深刻的影响。

在20世纪早期，除表现派和风格派之外，在文化艺术领域还活跃着其他一些较为激进的流派，包括俄国的构成派、源于法国的立体派、意大利的未来派等。他们存在的时间都不长，但他们的试验和探索对现代造型艺术的发展都有相应的启发意义。

6.3 现代主义风格

6.3.1 现代主义与国际式风格

从19世纪后期到20世纪初，尤其是第一次世界大战结束后的一段时期，欧洲的政治、经济、科学、文化较古代都有了巨大的变化和发展。社会的进步要求建筑艺术也要跟上时代的步伐。

长期以来，许多设计师做过多方面的探索，其中包括19世纪的园艺师帕克斯顿、美国建筑师沙利文和20世纪初奥地利的瓦格纳和卢斯、德国的贝伦斯等。他们先后提出过富有创新精神的建筑设计和建筑观点。但是他们的努力是零星的，他们的观点还没有形成系统，更重要的是还没有产生出一批比较成熟而有影响的实际建筑作品。但从建筑历史发展的角度来看，他们为现代主义设计运动奠定了基础，做出了积极的准备与尝试。

第一次世界大战刚刚结束的头几年，实际建筑任务很少，倾向革新的人士所做的工作带有很大的试验性和畅想成分，其中表现派、风格派等由于是从当时美术和文学方面衍生出来的建筑革新派，它们还不可能全面地解决建筑发展所涉及的各种根本性问题，不能得以普及。

到了20年代后期，欧洲经济稍有复苏，实际建筑任务渐多。一批思想敏锐而且具有一定建筑经验的青年建筑师，在吸取前人革新实践的基础上，真正对战后实际建设中的各种现实问题，提出了比较系统而彻底的建筑改革主张和思路，并陆续推出了一批比较成熟的新颖的建筑作品。20世纪最重要、影响最普遍也最深远的现代主义建筑艺术逐步走向成熟，并且产生了自己的可识别的形式特征，形成了特定的建筑艺术风格。

德国的格罗皮乌斯、密斯·凡·德·罗和法国的勒·柯布西耶被誉为是现代主义建筑的三位旗手和设计大师。他们为现代主义建筑的形成和发展做出了突出贡献。这三个人在第一次世界大战前已经有过设计房屋的实际经验。在1910年前后，三人都曾在德国柏林著名建筑师贝伦斯的设计事务所工作过。贝伦斯当时是大工业企业德国通用电气公司的设计顾问，同德意志制造联盟有着密切联系。因此，这三人对于现代工业对建筑的要求有比较直接的了解。他们在大战前就已经选择了建筑革新的道路。大战结束后，他们只有三十多岁，立即站在了建筑革新运动的最前列。

格罗皮乌斯早在1911年就曾与别人合作设计过一座工厂建筑——法古斯工厂，它是第一次大战以前欧洲最新颖的工业建筑之一。1919年，格罗皮乌斯当上了“一所设计学校的校长”。经过他一系列的改革，使这所“包豪斯”学校立即成为西欧最激进的现代主义设计运动和教育的中心。

1923年，勒·柯布西耶的《走向新建筑》一书在巴黎出版，为新建筑运动提供了一系列理论依据。

1919—1924年，密斯·凡·德·罗提出了玻璃和钢的高层建筑示意图，钢筋混凝土结构的建筑示意图等。他精心推敲的建筑形象向人们证明摆脱旧建筑观念的束缚之后，建筑师完全能够创作出清新、亮丽、优美、动人的新的建筑形象。

20世纪20年代后，他们陆续设计出了一些反映他们主张的成功的建筑作品，其中包括1926年格罗皮乌斯设计的包豪斯校舍，1928年勒·柯布西耶设计的萨伏耶别墅。1929年密斯·凡·德·罗设计的巴塞罗那展览会德国馆等。

有了比较完整的理论观点，有了一批有影响的建筑实例，又有了包豪斯的教育实践，到20年代后期，革新派的队伍迅速扩大，声势日益壮大，步伐也渐趋一致。1927年，德意志制造联盟在斯图加特举办的住宅建筑展览会上展出了5个国家16位建筑设计师设计的住宅建筑。设计者们突破传统建筑的框框，发挥钢和钢筋混凝土结构的优越性能，在较小的空间中认真解决实用功能问题。在建筑形式上，大都采用没有装饰的简单体形、平屋顶、白色抹灰墙面、灵活的门窗布置、较大的玻璃面积，具有朴素清新的外貌，建筑风格也比较统一。

这些建筑师的设计思想并不完全一致，但是有一些共同的特点：①重视建筑的使用功能，并以此作为建筑设计的出发点，提高建筑设计的科学性，注重建筑使用时的方便和效率；②注重发挥新型建筑材料和建筑结构的性能特点，例如，利用框架结构中墙是不承重的特点，灵活布置和分割室内空间；③把建筑的经济性提到重要的高度，努力用最少的人力、物力，财力创造出适用的房屋；④主张创造新风格，坚决反对套用历史上的样式，强调建筑的艺术形式应与功能、材料、结构、工艺相一致，灵活自由地处理建筑造型，突破传统的构图格式；⑤认为建筑空间是建筑的主角，强调建筑艺术处理的重点，应该从平面和立面构图转到空间和体量的总体构图方面，并且在处理立体构图时考虑到人观察建筑过程中的时间因素，产生了“空间—时间”的建筑构图理论；⑥废弃表面的外加的建筑装饰，认为建筑美的基础在于建筑处理的合理性和逻辑性。

这样的建筑观点被许多人称为建筑中的“功能主义”，有时也称作“理性主义”。但是，功能主义的提法只体现了这种建筑理论的一个方面，不够全面。理性主义的提法只表现了这种理论的主要倾向，但也不妥贴。因为这些建筑师的作品还是有很多非理性的成分。现在更多的人称它为“现代主义”建筑思潮。

作为现代主义建筑思潮的直接反映，这一时期的室内设计注重功能，努力与工业生产相结合，反对虚假的装饰。其室内设计在形式上的特征可总结如下：①根据功能的需要和具体的使用特征，确定空间的体量与形状，灵活自由地布置空间。②室内空间开敞，室内外通透。性质不同的公共空间之间往往联系紧密，相互渗透，不做固定的，封闭的分隔。空间过渡自然流畅。③室内墙面、地面、顶棚及家具、陈设、绘画、雕塑乃至灯具、器皿等，一般造型简洁，质地纯正、工艺精细。④尽可能不用装饰和取消多余的东西，认为任何复杂的设计，没有实用价值的部件和装饰都会增加造价。强调形式应更多地服务于功能。⑤建筑及室内装修部件尽可能采用标准化设计与制作，门窗等尺寸根据模数系统设计。⑥室内选用不同的工业产品家具和日用品。

到了第二次世界大战前不久，现代主义设计思想已经广泛传播，成为当时世界建筑领域占主导地位的设计潮流，国际影响巨大。现代主义风靡全球，因此，很多人把这些在现代主义设计思想指导下，建筑以及室内设计所表现出来的共同的主要特征称为“国际式风格”（International Style），当然也有称它为“现代主义风格”。

第二次世界大战之后，尤其是在20世纪60年代以后，国际式风格开始遭到非议，认为它千篇一律，表情冷漠，缺少人情味。但我们也应该看到，这些缺点往往是由社会经济状况不平等原因造成的。正是国际式风格的建筑为那些经济条件暂时不好的国家解决了大量普通民众的居住问题，使它显得更有社会价值。

现代主义设计思想影响是广泛而深远的，从那时起一直到今天，世界上有许许多多的建筑与室内设计是在现代主义设计理论和手法基础上，根据不同的文化背景和社会条件发展变化而来的。值得我们注意的是，像德国的格罗皮乌斯、密斯·凡·德·罗、法国的勒·柯布西耶、美国的赖特以及芬兰的阿尔托等一批著名的具有现代主义设计思想的大设计师，由于他们各人境遇不同，形成了不同的美学观念和设计理论。他们在设计思想和创作手法上有不同的倾向和爱好。在建筑与室内设计艺术领域，做了卓有成效的不同的探索和创新，形成了带有个人色彩的独特的设计风格，创造出了很多影响巨大的成功的优秀建筑作品，为建筑艺术的发展做出了举世瞩目的成就。

6.3.2 格罗皮乌斯与包豪斯

6.3.2.1 格罗皮乌斯早期的活动

格罗皮乌斯（1883—1969）出生于柏林，青年时期在柏林和慕尼黑高等学校学习建筑。1907—1910年，在柏林著名建筑师贝伦斯的建筑事务所工作，贝伦斯的设计观点与实践，对格罗皮乌斯产生了重要影响。格罗皮乌斯后来说：“贝伦斯第一个引导我系统地合乎逻辑地综合处理建筑问题。在我积极参加贝伦斯的重要工作任务中，在同他以及德意志制造联盟的主要成员的讨论中，我变得坚信这样一种看法：在建筑表现中不能抹杀现代建筑技术，建筑表现应有前所未有的形象。”

图6-23 法古斯工厂

1911年，格罗皮乌斯与迈耶合作设计了法古斯工厂，厂房办公楼的建筑处理最为新颖（图6-23）。长约40m的墙面上除了支柱外，全是玻璃窗和金属板做的窗下墙。这些工业制造的轻而薄的材料组成的外墙完全改变了砖石承重墙建筑沉重的形象。格罗皮乌斯没有把玻璃嵌放在柱子之间，而是安放在柱子的外皮上，这种处理手法显示出玻璃和金属墙面不过是挂在建筑骨架上的一层薄膜，益发增加了墙面的轻巧印象。在转角部位，设计者利用钢筋混凝土楼板的悬挑性能，取消角柱。玻璃和金属板连续转过去，这也是同传统的建筑很不同的处理手法。总之，法古斯工厂的这些处理手法和钢筋混凝土结构的性能一致，符合玻璃与金属的特性，也适合实用性建筑的功能需要，同时又产生了一种新的建筑形式美。

法古斯工厂是格氏早期的一个重要成就，在这个时期，格罗皮乌斯已经比较明确地提出要突破旧传统、创造新建筑的观点。他是建筑师中最早主张走建筑工业化道路的人之一。他认为在住宅中差不多所有的构件和部件都可以在工厂中制造，“手工操作愈少，工业化的好处就愈多”。1913年，他在《论现代工业建筑的发展》的文章中谈到整个建筑的方向问题：“现代建筑面临的课题是从内部解决问题，不要做表面文章。建筑不仅仅是一个外壳，而应该有经过艺术考虑的内在结构，不要事后的门面粉饰……。建筑师的脑力劳动的贡献表现在井然有序的平面布置和具有良好比例的体量，而不在于多余的装饰。洛可可和文艺复兴的建筑样式完全不适合现代世界对功能的严格要求和尽量节省材料、金钱、劳动力和时间的需要。搬用那些样式，只会把本来很庄重的结构变成无聊情感的陈词滥调。新时代要有自己的表现方式，现代建筑师一定能创造出自己的美学章法。通过精确的不含糊的形式、清新的对比、各种部件之间的秩序、形体和色彩的匀称与统一来创造自己的美学章法。这是社会的力量与经济所需要的。”格罗皮乌斯的这种建筑观点与工业化以后的社会对建筑提出的现实要求是相一致。

6.3.2.2 包豪斯的教育观念与设计风格

1919年，第一次世界大战刚刚结束，格罗皮乌斯在德国魏玛筹建国立魏玛建筑学校。这是由原来的一所工艺学校和一所艺术学校合并而成的培养新型设计人才的学校，简称包豪斯（Bauhaus）。格罗皮乌斯担任包豪斯校长后，按自己的观点实行了一套新的教学方法。这所学校设有纺织、陶瓷、金工、玻璃、雕塑、印刷等课程。学生进校后先学半年初步课程，然后一面学习理论课，一面在车间中学习手工艺。三年以后考试合格的学生取得“匠师”资格，其中一部分人可以再进入研究部学习建筑。所以，包豪斯主要是一所工艺美术学校。

在格罗皮乌斯的指导下，这个学校在设计教学中贯彻一套新的方针、方法，它有以下一些特点：

第一，在设计中强调自由创造，反对模仿因袭、墨守陈规。

第二，将手工艺同机器生产结合起来。格罗皮乌斯认为“手工艺教学意味着准备为批量生产而设计”。新的工艺美术家既要掌握手工艺，又要了解现代工业生产的特点，用手工艺的技巧创作高质量的产品设计，供工厂大规模生产。

第三，强调各门艺术之间的交流融合。提倡工艺美术和建筑设计向当时已经兴起的抽象派绘画和雕塑艺术学习。格氏认为：所有视觉艺术的最终目的是完善的建筑物。只有全体各门类艺术家互相合作，才能把艺术从孤立状况中解救出来。建筑师、画家和雕刻家必须从头认识，并学会掌握建筑物整体的、综合的性格。只有这样，他们的作品才能饱含建筑理性的精神。

第四，培养学生既有动手能力又有理论素养。包豪斯三年的课程，一部分是技术方面的，学生必须到7个工场中的一个去做石工、木工、金工、粘土、玻璃、染织方面的工作，还有关于成本和投标制订方面的理论课；另一部分是形式方面的，包括对自然界和人造物中形式效果的观察、作品的表现和构图理论方面的研究。理论教学与实践教学之间并行，学生同时在两个老师的指导下学习：一个是工艺方面的老师，一个是设计方面的老师。

第五，把学校教育同社会生产挂上钩。包豪斯的师生所作的工艺设计常常交给厂商投入实际生产。格罗皮乌斯曾说："包豪斯训练的全部制度显示出以实际问题为依托的教育价值观，……由于这个原则，我极力保证包豪斯的实际委托任务，这样不论是老师还是学生，都可以把他们的工作付诸试验。"

由于以上这些作法，包豪斯打破了传统学院式教育的框架，使设计教学同生产的发展紧密联系起来，这是它比旧式学校先进的地方。

20世纪初期，西欧美术界产生了许多新的潮流如立体主义、表现主义、超现实主义等。在格罗皮乌斯的主持下，一些最激进流派的青年画家和雕塑家到包豪斯任教，他们带来了最新奇的抽象艺术。一时之间，包豪斯学校成了20年代欧洲最激进的艺术流派的据点之一。立体主义、表现主义、超现实主义之类的抽象艺术，在形式构图上所作的试验对于建筑和工艺美术来说具有一定的启发作用。正如印象主义画家在色彩和光线方面所取得的新经验，丰富了绘画的表现方法，立体主义和构成主义雕塑家在几何形体的构图方面所作的尝试对于建筑和实用工艺品的设计是有参考意义的。

在抽象艺术的影响下，包豪斯的教师和学生们的设计作品，摒弃了附加的装饰，注重发挥结构本身的形式美，讲求材料自身的质地和色彩的搭配效果，发展了灵活多样的非对称的构图方法。这些努力对于现代建筑装饰的发展起了有益的作用。

实际的工艺训练，灵活的构图能力，再加上同工业生产的联系，这三者的结合在包豪斯产生了一种新的工艺美术风格和建筑风格。其主要特点：注重满足实用要求，发挥新材料和新结构的技术性能和美学性能，造型整齐简洁，构图灵活多样。

1925年，包豪斯从魏玛迁到德绍，格罗皮乌斯为它设计了一座新校舍。它是包豪斯建筑风格最有代表性的作品。校舍建筑面积接近10000m^2，是由许多功能不同的部分组成的中型公共建筑。它有以下一些特点：①把建筑物的实用功能作为设计的出发点。学院派的建筑设计方法通常是先决定建筑的总的外观体型，然后把建筑的各个部分安排到这个体型里面去。在这个过程中也会对总的体型作若干调整，但基本程序还是由外而内。格罗皮乌斯则把这种程序倒了过来，他把整个校舍按功能的不同分成几个部分，按照各部分的功能需要和相互关系定出它们的位置和体型。②采用灵活不规则的构图手法，充分运用对比的效果。有高和低、长与短、纵向与横向的对比等，特别突出的是发挥玻璃墙面与实墙的不同视觉效果，造成虚与实、透明与不透明、轻薄与厚重的对比。不规则的布局加上强烈的对比形成了生动活泼的建筑形象。③建筑形式和细部处理紧密结合所用的材料、结构和构造做法，运用建筑本身的要素取得建筑艺术效果。校舍没有雕刻、柱廊，没有装饰性的花纹和线脚，几乎把任何附加的装饰都去除了，但是格罗皮乌斯把窗格、雨罩、阳台、栏杆、大片玻璃墙面和抹灰墙面等恰当地组织起来，取得了简洁清新又动态的构图效果。在室内也是尽量利用楼梯、家具、灯具、五金等实用部件本身的体形和材料本身的色彩和质感取得装饰效果（图6–24）。当时包豪斯校舍的建造经费比较困难，按当时货币计算，每立方米建筑体积的造价约7美元。在这样的经济条件下，这座建筑物比较周到地解决了实用功能问题，同时又创造了清新活泼的建筑形象和室内环境。应该说，包豪斯校舍是一个成功的建筑作品。

图6–24　包豪斯校舍

1920—1921年，格罗皮乌斯与迈耶设计的位于柏林的萨莫弗尔德住宅则是包豪斯强调各门艺术交流融合的代表作品，是包豪斯承建的第一个作为“艺术综合”的最有魅力的建筑。它的室内设计由多个杰出设计师联合完成。如门厅［图6–25（a）］，家具是由布鲁埃设计，墙面的木装饰以及木雕式栏板是施迈迪特的杰作。门厅使用坚硬的柚木做装饰，虽然有些压抑感，但却富有极强的韵律和节奏。门上的浮雕［图6–25（b）］与楼梯栏板的形式统一，体现了构成主义抽象艺术特征。室内利用绗缝工艺制作的门帘也是如此［图6–25（c）］。

（a）

（b）

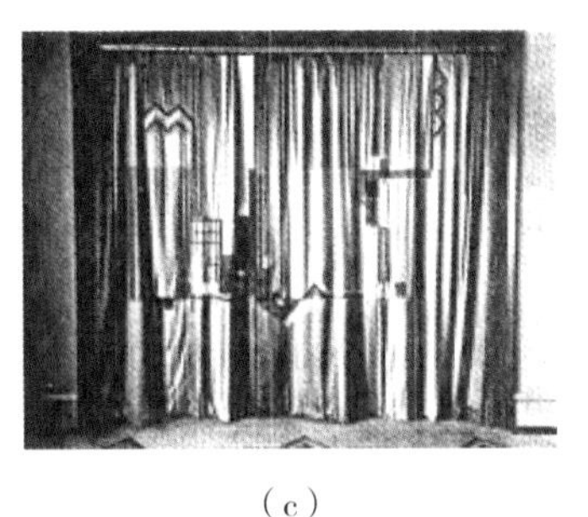
（c）

图6–25　萨莫弗尔德住宅
（a）门厅 （b）浮雕 （c）门帘

在室内用品的设计方面，包豪斯的设计师们完全摆脱了传统形式，创造出新时代的新风格（图6–26）。在家具设计方面，设计师们更有非凡的创造。他们设计生产出了可以折叠的桌子和椅子，对现代家具的发展做出了突出的贡献。

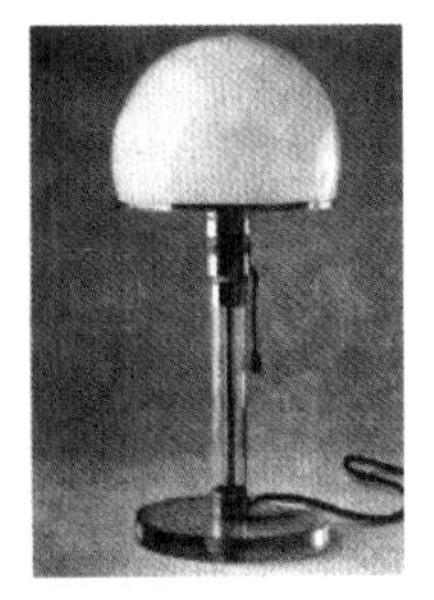

图6–26　包豪斯设计的日常用品

在众多家具与建筑设计师中，布鲁埃是包豪斯最具有开拓精神的杰出设计师之一。他始创用钢管做成了世界上第一把室内用椅，是第一个用钢管作为椅子自身材料的人。1925年，包豪斯迁往德绍，留校任教的马歇尔·布鲁埃接受委托，装备7个教工住宅。这样，第一个钢管室内用椅——瓦西里椅就此诞生了［图6–27（a）］。这个椅子竖立在国际家具市场已有70多年，一直属于一流的设计，盛销不衰。此外，还设计了一系列的钢管家具［图6–27（b）、（c）］。

（a）

（b）

（c）

图6–27　布鲁埃设计的钢管椅

布鲁埃钢管家具畅销不衰，究其成功的原因有以下几点：第一，对人体舒适的考虑。虽然那个时代还没有人体工程学的研究，但布鲁埃已意识到家具特别是椅子舒适的重要性。他一方面对椅子的座高、座深、座面的斜度、座背夹角等的设计都用足尺模型做各种试验，取得最恰当的数据，才使家具定型。另一方面，为了避免钢管冷和硬造成的不舒适感，布鲁埃在设计安乐椅和扶手椅时都尽量使人体接触不到钢管。拿瓦西里椅来说，他的座位和靠背虽都是以钢管为骨架的，但人就坐时，背部所接触的是布料或皮革，不会给钢管硌着。扶手也是用布料或皮革制成，手也碰不到钢管。再有，布鲁埃在钢管悬臂原理的基础上，利用钢管的弹性来增加椅子、安乐椅的舒适度。第二，布鲁埃对材料的观点是不看轻“老”材料，也从不抬举“新”材料。他许多出色的设计包括建筑和家具，都是将传统材料、地方材料与现代的新材料结合使用，形成了别具一格的特色。在钢管家具上，他有意使用藤条编织网、皮革及粗帆布等。第三，布鲁埃具有系列设计的观念。同一产品，由于钢管涂料的变化，表面材料的变化以及尺寸的变化，便成了一个系列的产品。这样产品虽少，但花色品种增多了。以上是布鲁埃对家具的设计观念和处理手法，在今天看来，对当代的家具设计乃至其他工业日用品的设计仍有很重要的指导意义，这也是布鲁埃对设计艺术的一个贡献。

钢管的弯曲性能使钢管家具具有木制家具无可比拟的新的造型，同时使折、叠、拆装、多用成为可能。瓦西里椅问世后，得到许多设计大师包括密斯·凡·德·罗、勒·柯布西耶、阿尔托等的认同，他们也用钢管设计制作了多种椅子和桌子。

包豪斯的活动及其所提倡的设计思想和风格引起了广泛的注意。新派的艺术家和建筑师们认为它是进步的甚至是革命艺术潮流的中心，保守派则把它看作异端。当时德国的右派势力攻击包豪斯，说它是俄国布尔什维克渗透的工具，随着德国纳粹党的得势，包豪斯的处境越来越困难。1928年，格罗皮乌斯离开包豪斯。1930年，密斯·凡·德·罗接任校长，把学校迁到柏林。1933年初希特勒上台，包豪斯在这一年遭到封闭。这以后，随着许多包豪斯杰出的艺术家到国外寻求发展，包豪斯的教育观念、设计思想和风格得以在世界范围内传播，在为现代主义设计思想的普及和推广方面，做出了不可磨灭的功绩。

6.3.3 现代主义代表人物及其作品

6.3.3.1 密斯·凡·德·罗

第一次世界大战结束后，密斯·凡·德·罗（1886—1970）开始积极探求新的建筑原则和建筑手法。他强调要创造新时代的建筑而不能模仿过去，重视建筑结构和建造方法的革新，钢与玻璃的应用，事必涉及结构和构造。密斯认为结构和构造是建筑的基础，他说："我认为，搞建筑必须直接面对建造问题，一定要懂得结构与构造"，密斯细心探索在建筑中运用和表现钢结构特点的建筑处理手法，特别注意建筑细部构造处理，把建筑技术与艺术有机地统一起来。

1928年，密斯提出了著名的"少就是多"的建筑处理原则。在这原则指导下，密斯的建筑设计包括造型、结构、构造、室内装饰、家具布置、材料的选择，都精练到不能再改动的地步。这些内容富有结构逻辑性地、简练地、和谐地组合在一起，于是创造了一种以精确、简洁、纯净为特征的建筑艺术。密斯在追求物质的"少"的同时，积极主动地创造丰富多变的空间视觉效果和空间使用功能，通过所谓的"流通空间"和"全面空间"的设计，使简单的建筑空间变得生动、灵活，富有意味。

1924年，大柏林艺术展览会上，密斯用绘画的形式展示了他设计的乡村砖别墅方案。在这个方案平面中，室内空间的四个角落至少有两个是开放的，使得空间相互延伸，相互渗透，造成了空间互相流通的效果。有三堵墙从室内延伸到房子周围的外部空间，试图使室内外空间获得融合。这个方案可以说是密斯探求空间之间流通的概念性作品。而1929年密斯为巴塞罗那世界博览会设计的德国馆则是对流通空间做出的具体示范，这个作品凝聚了密斯建筑观念的精华，并体现了"少就是多"的设计原则［图6–28（a）、（b）、（c）］。

（a）

（b）

（c）

图6–28　巴塞罗那博览会德国馆室内
（a）室内大厅　（b）室内相互穿插的空间　（c）半室内半室外空间的水池及雕像

德国馆主厅部分由8根十字形断面的钢柱，顶着一块薄薄的简单的屋顶板构成，隔墙有玻璃的和大厦石的两种。墙的位置灵活而且似乎很偶然，它们纵横交错，有的延伸出去成为院墙。由此形成了一些既分隔又连通的半封闭半开敞的空间。室内各部分之间，室内和室外之间相互穿插，没有明确的分界。这是以后现代建筑中常用的流通空间的最早典范。这座建筑的形体及构造处理十分简单。平板屋顶和墙都是简单的光的板片，没有任何线角，柱身上下也没有变化。所有构件交接的地方都是直接相遇，不同构件和不同材料之间不做过渡性处理，一切都是简单明确，干净利索。由于体形简单，去掉了附加装饰，所以密斯在此非常讲究建筑材料的使用：地面用灰色大理石，墙面用绿色大理石，主厅内部一片独立的隔墙还特地选用了色彩斑斓的带有云纹的红褐色玛瑙大理石；玻璃隔墙有灰色和绿色的，内部的一片玻璃墙还带有刻花；一个水池的边缘衬砌黑色的玻璃。这些不同颜色的大理石、玻璃再加上镀铬的金属柱子和窗框，使整个建筑辉映在所有材料的光耀之中，获得一种高贵、雅致和鲜亮的气氛。密斯自认为这是一所能够象征壮丽，并足以接待王公贵族的高级建筑。美国历史与评论家Hitcheoek说："……这是20世纪可以凭此同历史伟大时代进行较量的几所房屋之一"。虽然德国馆建成后3个月就随博览会的闭幕而拆除，但它却在建筑界产生了深刻而广泛的影响。

这以后，密斯还设计了其他类型的住宅。在住宅室内，除了有私密要求的空间之外，他常利用柱子、孤立的隔断墙、帷幕、壁橱、大玻璃、甚至用曲面的墙，继续营造类似巴基罗那博览会德国馆那样的流通空间。

密斯在设计建筑时，往往与家具设计一起进行，以保证建筑与室内在风格和气氛上的统一。因而他的家具与他的建筑一样，个人风格强烈。密斯的家具设计代表作品有为巴塞罗那国际展览会德国馆正厅设计的巴塞罗那椅［图6–29（a）］和为土根哈特住宅设计的土根哈特椅（图6–30）。巴塞罗那椅被认为具有划时代的意义。

密斯善于采用对传统形式进行概括和抽象的方法进行家具创新。如当时悬臂钢管椅已由布鲁埃最先制造出来，但密斯的MR［图6–29（b）］虽也采用悬臂钢管，却利用了60多年前就有的一个弯曲木摇椅的曲线而创作的，使得MR椅更富有亲切感。巴塞罗那椅的X形腿源自埃及，原来这种X形的木制腿仅用于低矮的凳子，而密斯用镀镍或镀铬钢制的X形腿作为沙发的腿，以后又设计了X腿的凳子、茶几，形成系列和配套产品。

密斯虽被公认为是最有影响的现代主义建筑大师之一，但也因他在家具设计上做出的划时代贡献而被载入家具设计史册。

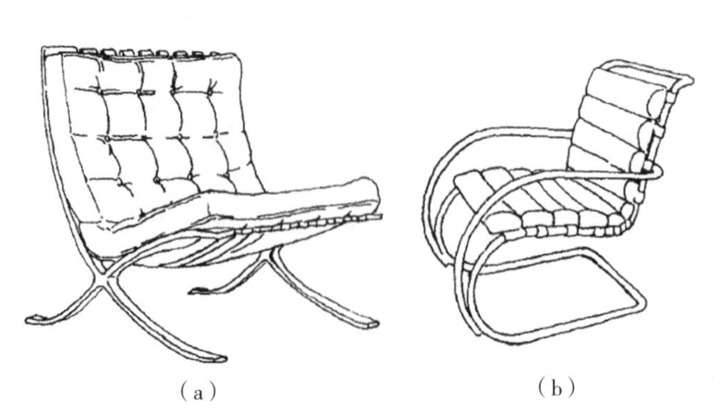

（a） （b）

图6–29 密斯设计的钢管椅

（a）巴塞罗那椅 （b）MR椅

图6–30 土根哈特椅

6.3.3.2　勒·柯布西耶

勒·柯布西耶（Le Corbusier，1887—1965）出生于瑞士。1908年他到巴黎，在著名建筑师贝瑞处工作，后来又到柏林德国著名建筑师贝伦斯处工作。贝瑞因较早运用钢筋混凝土而著名，他和贝伦斯对勒·柯布西耶后来的建筑设计方向产生了重要的影响。

1920年他与新派画家和诗人合编名为《新精神》的综合性杂志，并发表一些提倡新建筑的短文。1923年，勒·柯布西耶把文章汇集出版，书名为《走向新建筑》。这本书中心思想明确，就是激烈否定19世纪以来的因循守旧的建筑观点和复古主义、折衷主义的建筑风格，强烈主张创造表现新时代的新建筑。

1926年，勒·柯布西耶就自己的住宅设计提出了“新建筑的五个特点”：①底层独立支柱。房屋的主要使用部分放在二层以上，下面全部或部分地腾空，留出独立支住；②屋顶花园；③自由的平面；④横向长窗；⑤自由的立面。这些都是由于采用了框架结构，墙体不再承重以后产生的建筑特点。勒·柯布西耶充分发挥这些特点，设计了一些同传统的建筑完全异趣的住宅建筑。1927年在斯图加特国际住宅博览会上，勒·柯布西耶设计的住宅室内使用了灵活隔断，白天大空间作为起居之用，而晚上则划分为小的卧室空间。这种把空间的使用与时间联系在一起的观念，在他以后的设计中也得到了体现，并为以后的现代设计师们所接受。

萨伏伊别墅是勒·柯布西耶著名的代表作，最能体现他所提出的新建筑五个特点（图6-31）。勒·柯布西耶实际上是把这所别墅当作一个立体主义的雕塑来对待，它的各部分形体都采用简单的几何形体。柱子就是一根根细长的圆柱体，墙面粉刷成光面，窗子也是简单的长方形。建筑的室内和室外都没有装饰线脚。为了增添变化，勒·柯布西耶用了一些曲线形的墙体。房屋总的形体是简单的，但是内部空间却相当复杂。尤其是在楼层之间采用了室内很少用的斜坡道，从入口门厅延伸至二层屋顶的院子，并进一步变为通往屋顶晒台的室外步廊，把不同层高的空间连接起来。勒·柯布西耶说：“它是真正的散步廊，因为它使人感到出乎意外，不时产生别有洞天的意趣。从结构角度来看，尽管所有的只是那些刻板的梁柱系统，但在这你却可以看到那么多的变化，这是非常愉快的事。”勒·柯布西耶通过坡道增强了观者对空间以及空间中形体和光线的感受，这正是现代主义建筑所追求的“空间——时间”建筑构图理论的具体体现。二楼的起居室带有大片的高至顶棚的落地窗，朝南开向屋顶的院子。这个院子本身除了没有屋顶外，同房间没有什么区别。勒·柯布西耶是这样解释这个院子的：“真正的家庭花园应该在距地3.5m处，这样的屋顶花园土壤干燥卫生，同时又能看到比地面更美的乡野风光。”三层是由曲墙和直墙围合而成的没有盖的日光室，直接开敞地对着蓝天，充满阳光和绿化。勒·柯布西耶说："享受普照大地的阳光和广阔的天空是所有人与生俱来的权利。"像勒·柯布西耶在20年代设计的许多小住宅一样，萨伏伊别墅的外形轮廓是比较简单的。而内部空间则比较复杂，如同一个内部细巧镂空的几何体，又好像一架复杂的机器——勒·柯布西耶所说的"居住的机器"。在这种面积和造价十分宽裕的住宅建筑中，功能是不成问题的，作为建筑师，勒·柯西耶追求的并不是机器般的功能和效率，而是机器般的造型，这种艺术趋向被称为"机器美学"。

（a）

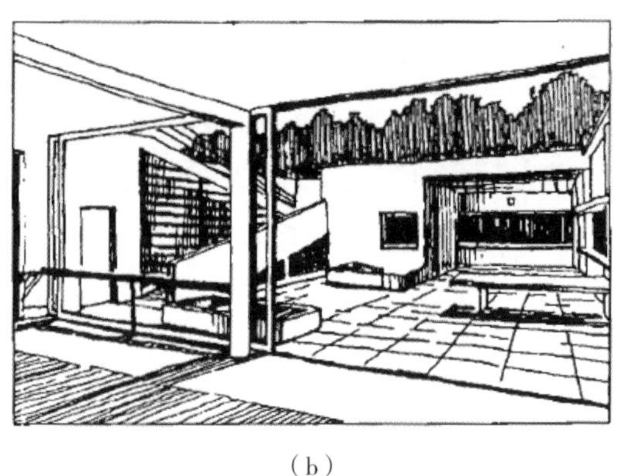

（b）

图6-31 萨伏伊别墅
（a）别墅外观 （b）别墅屋顶院子

第二次世界大战后，勒·柯布西耶看到了机器对人类造成的巨大灾难，开始痛恨机器。他从注重发挥现代工业技术的作用转而重视地方民间的建筑传统，在建筑形象上，从爱好简单的几何形体转向复杂的塑形，从追求光洁平整的视觉形象转向粗糙苍老的趣味。

印度昌迪加尔法院于1956年落成，它是勒·柯布西耶后期建筑风格的代表作品（图6-32）。整个法院建筑的外表是裸露的混凝土，墙壁上点缀着大大小小不同形状的孔洞。这座建筑墙面上的孔洞或壁龛被涂上红、黄、蓝、白之类的鲜艳颜色。怪异的体型，超乎寻常的尺度，粗糙的表面和不协调的色块，给建筑带来了怪诞粗野的情调。人们由此认为这样的建筑属于粗野主义。

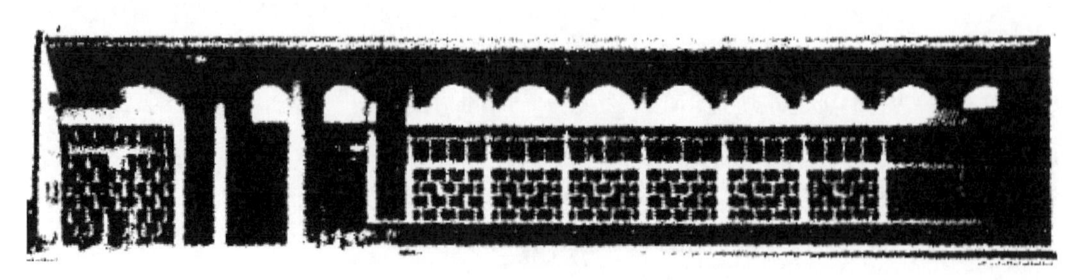

图6-32 印度昌迪加尔法院

勒·柯布西耶战后的作品中最重要、最奇特、最惊人的是朗香教堂，它位于法国孚日群山中的一个小山头上。朗香教堂的平面很特别，墙体几乎全是弯曲的（图6-33）。入口立面的墙是倾斜的，屋顶向上翻起，形象十分突出。在教堂内部，主要空间的周围有三个小龛是小祷告室，它们向上拔起伸出屋面形成三个竖塔，形状像是半根从中间剖开的胖圆柱。教堂的墙是石块砌成的承重墙．外表有白色的粗糙面层。屋顶部分保持混凝土的原色。朗香教堂的各个立面形象差别很大，看到某个立面，很难料想到其他各面的模样。教堂的主要入口也很特别，它缩在那面倾斜的墙体和一个塔体的缝隙之间，门是金属板做的，只有一扇，门轴在正中间，旋转90°，让人从两旁进出。门扇的正面画着勒·柯布西耶的一幅抽象画。总之，整个教堂的体形曲折歪扭十分特别，很像远古留下来的什么东西。

教堂的室内更为奇特。东边和南边的屋顶与墙身交接的地方，有一道高约40cm的空隙，阳光从缝隙里透进，与杂乱无章的镶着彩色玻璃的窗口射进的阳光汇合，使整个室内显得异常神秘，具有浓厚的宗教色彩。室内下坠的顶棚、弯曲的墙面、倾斜的墙体、高低错落大小不一的窗子和屋内暗淡的光线，足以使教徒在虔诚的祈祷中达到忘我的境地。彻底失去衡量建筑空间大小、方向、水平、垂直的正确标准，产生了叫人难以捉摸的空间效果。

为什么要把朗香教堂设计成这样呢？勒·柯布西耶自己解释说，他要“建造一个能用建筑的形式和气氛让人心思集中和进入沉思的容器”。教堂不是人与上帝之间对话的地方吗？所以它“要像听觉器官那样的柔软、细巧、精确和不能改动”。他几乎是把朗香教堂当作一个听觉器官来设计，以便使虔诚的教徒们能听到上帝的启示，也能使上帝听到教徒们的祈祷。按照这个解释，朗香教堂是一座象征性建筑。也有人称它是开辟后现代隐喻主义的作品。

（a）

（b）

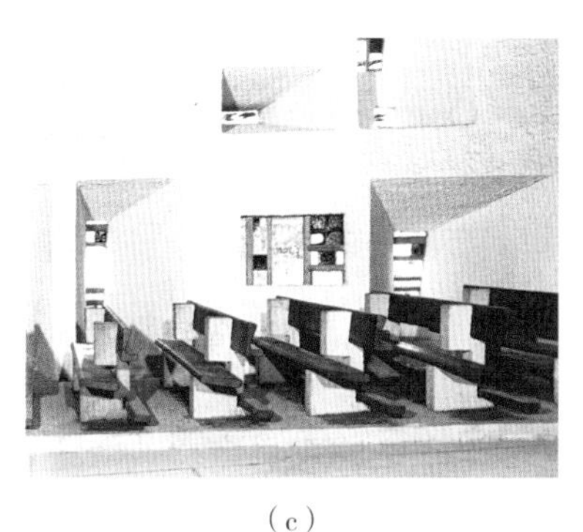

（c）

图6-33　朗香教堂

（a）朗香教堂外观　（b）朗香教堂入口大门　（c）朗香教堂室内效果

从勒·柯布西耶战后的建筑作品中可以看出，他的建筑风格前后有很大的变化，表现了一种与原先很不一样的建筑美学观念和艺术价值观。概括地说，勒·柯布西耶从当年崇尚机器美学转而赞赏手工劳作之美；从显示现代派头转而追求古风古貌和原始情调；从主张清晰表达转向爱好模糊混沌；从明朗走向神秘；从有序转向无序；从常态转向超常；从理性主导转向非理性主导。正因为勒·柯布西耶创造了以朗香教堂为代表的那样的建筑作品，所以他在战后时期的西方建筑流派中仍然处于领先地位，继续被新一代的建筑师奉为自己的旗手，他的影响至今仍然未衰。

密斯·凡·德·罗在钢与玻璃的建筑中启示了几代人，勒·柯布西耶则在混凝土建筑方面给全世界建筑师做出了榜样。他们都是20世纪世界上为数不多的有较大影响的建筑大师。

6.3.3.3 赖特

赖特（1869—1959）是20世纪美国的一位重要的建筑师，在世界上享有很高的盛誉，对现代建筑有很大影响。但是他的建筑思想和欧洲现代主义代表人物有明显的差别，他走的是一条独特的道路。

赖特出生于美国威斯康星州。幼年的时候，曾在农场寄居，有机会体会自然界固有的旋律和节奏。幼年所处的环境，使他对自然充满了爱和崇敬。在他看来美源于自然。他认为对建筑师来说，除对自然规律的理解和认识，再没有更丰富、更有启示的美学源泉了。

赖特崇尚自然的建筑观贯穿于他一生的建筑创作中，总结起来主要有以下四种表现：①尊重自然。建筑与建筑所处的环境成为一体，建筑的体量、比例、尺度、布局、构图和地形环境协调、融合，使之与环境相得益彰。正如赖特自己所说：建筑应该是自然的，要成为自然的一部分。赖特认为人也是自然的一部分，所以他努力使建筑的每一个组成部分都有它自己的使用功能和作用，并且还要有它存在的体现人类精神活动及需求上的目的。②模拟自然。赖特的建筑有很多形式方面的处理是对自然界中的某些形态、结构和色彩的模仿、提炼和抽象，以达到与自然的协调，获得亲切怡人的环境气氛和视觉效果。③尊重材料的本性。赖特重视材料的天然特性，包括它们的形态、纹理、色泽及力学、化学性能，并在建筑中运用和表现它们。他提出："材料因体现了本性而获得价值，人们不应去改变它们的性质或想让它们成为别的。"为了能与周围环境相协调，赖特往往就地取材建造房屋。④重视住宅与自然气候的关系。赖特根据气候条件，对建筑做出恰当的处理，以满足人们生理及心理方面的要求。

赖特把自己的建筑称作有机的建筑。但赖特的有机建筑理论却很散漫，说法又虚玄，叫人不易捉摸。近年来一些研究学者把他的有机建筑理论的核心概括为"整体和局部不可分割的一体性”。

在20世纪20年代和30年代，赖特的建筑风格经常出现变化。他一度喜欢用许多图案来装饰建筑物，随后又用得很节制。木和砖是他惯用的材料，进入20年代，他又将混凝土用于住宅建筑，并曾多次采用带有程式化浮雕图案的混凝土砌块建造小住宅，并且在室内也暴露这些砌块的图案，加强室内的装饰效果。愈到后来，赖特在建筑处理上愈加灵活多样，更少拘束。1936年，他设计的“流水别墅”就是一座别出心裁，构思巧妙的建筑艺术品（图6–34）。

图6–34　流水别墅

流水别墅最成功的地方就是与周围环境的有机结合。典型地体现了赖特崇尚自然的建筑观。流水别墅位于宾夕法尼亚州匹兹堡市的郊区一处地形起伏、林木繁盛的风景点，在那里一条溪水从岩石上跌落下来，形成一个小小的瀑布。赖特就把别墅建造在这个小瀑布的上方。流水别墅是一个钢筋混凝土结构的三层建筑。外观上，巨大的挑台从后部的山壁向前方像翅膀一样的伸出，杏黄色的横向阳台栏板和楼板像周围的岩石一样，上下左右前后错叠，宽窄厚薄长短参差。由于支撑结构被隐蔽于阴影之中，使得建筑产生一种飞翔的感觉。而这一切又由垂直方向的粗石烟囱砌体来平衡，使建筑牢牢的嵌在峭壁与溪水之上。就地取材的毛石墙宛如天成，四周的林木在建筑的构成中穿插生长，瀑布在岩石间叠落、奔腾，在建筑下穿过。从远处看，整座建筑似乎是从山石中生长出来的。

流水别墅的室内更是别有生趣。室内空间以起居室为中心，不论是建筑物本身还是所形成的各种空间，向前后、左右蔓延，同时也向上甚至向下伸展，由室内流向室外。起居室右侧是一处壁炉，与外墙一样用当地的片石砌成，壁炉前有突出地面与壁炉连在一起的石头。石头是原来山上经过考夫曼自定留下的，正符合赖特的意图，它与壁炉成为一体，成为与山体不可分割的一部分。壁炉与炉具、木材、铜壶、树墩等物件，使这里显得粗犷稳实，充满了山林野趣。起居室的东南角，赖特把二层平台楼板向前延伸的部分，做成一种隔栅，一部分位于室内，形成四个矩形顶窗，正好位于书桌和书架上部，光天云影从这里一拥而进。起居室的左侧还有一个悬挂在地板上的小楼梯，可使人从起居室拾级而上，直达水面。楼梯洞口不但能使人俯视水面，而且引来水上清风。起居室的室内净高很矮，加上毛石墙和磨光的石砌地面而使人产生一种洞府的感觉，并把人的视线引向室外。流水别墅建筑采用了橙红色的金属窗框，为了取得内外的通透，赖特专门设计了竖棂的角窗和嵌入石缝的玻璃。流水别墅的卫生间用软木装修，浴缸、面盆和便桶最初也曾设想用天然石材凿成，但没能实现。整个建筑的室内包括家具、地毯和布制品都由赖特做统一设计，甚至连室内陈设或悬挂的艺术品，也要听赖特的指点。

赖特是20世纪建筑界的一个浪漫主义者和田园诗人，在建筑艺术方面确有其独特的造诣。他的建筑空间灵活多样，既有内外空间的交融流通，同时又具有幽静隐蔽的特色。他既运用新材料和新结构，又始终重视和发挥传统建筑材料的特点，并善于把两者结合起来。同自然环境的紧密配合则是他的建筑作品的最大特色。赖特的建筑作品使人觉得亲切而有深度。虽然他的成就不能到处被采用，但却是建筑史上的一笔珍贵财富。

6.4 装饰派艺术

现代主义建筑、室内及家具设计在第二次世界大战前并没有占绝对统治的地位。当时另一种旨在改良古典设计风格的流派非常盛行，尤其是法国，这便是装饰派艺术。

装饰派艺术是在“新艺术”运动衰退、粗劣的机器产品充斥人们的生活之际应运而生的。在1925年法国举办的“现代装饰和工业博览会”中达到高潮，也因这次展览会而得名，并成为法国建筑装饰的主导流派。装饰艺术派更侧重于手工艺装饰艺术。他们吸取了抽象艺术的表现方法，注重民族艺术特色的发挥，探寻适应现代机器生产的途径，范围涉及建筑、室内、家具、工艺品、时装等诸多艺术设计领域。在新艺术运动和现代主义运动中，室内设计往往服从于建筑，而装饰派艺术则把这种关系颠倒了过来。

汽车、电话、报纸、电影等这些展现20世纪都市生活面貌的新事物，是孕育装饰艺术尤其是都市景观装饰的社会母体。与此同时，摄影已普遍用于印刷制版上。印刷速度的加快和数量的扩大，使得“复制文化”越来越普及到人们的生活之中。区别19世纪以来的“新艺术”运动和20世纪20年代的装饰派艺术的分水岭正是“复制文化”的产生和流行。新艺术运动的倡导者们旨在把日常生活用品艺术化，使日用品成为艺术品。而装饰派艺术运动则是使产品更为接近符合大生产复制的要求，同时又不影响其装饰趣味的充分发挥。

装饰派艺术有深刻的古典渊源。18世纪和19世纪法国的一些优秀的家具成为它的榜样。装饰派喜欢光滑的表面，异域的情调，奢侈的材料和重复的几何母题。

法国著名室内设计师鲁尔曼在第一次世界大战后创建了室内设计公司，成为装饰派1918—1925年的领袖人物。鲁尔曼设计的家具是精湛的工艺技巧和高昂代价的结晶，被誉为法国20世纪最杰出的“木匠”。他的家具设计注重功能的舒适和装饰的豪华［图6–35（a）］，接近于帝国时期的风格。喜欢设计带凹槽的椅腿和鼓形的桌子，使用昂贵而稀少的材料：鲨鱼皮、蜥蜴皮、象牙、外国硬木。30年代开始，他也运用铬和银等金属材料制作家具。鲁尔曼的业主为极少数的富豪，到1928年后，他的家具像名画一样，标上号码签上名字。鲁尔曼对造型、样式及流行十分关注，他笃信：杰出人物能主宰、操纵和终止流行样式及风格。

装饰派的灵感也不完全来自法国的古典作品。1922年，英国学者挖出埃及国王图特安哈门墓，并著书向世人介绍，一时间埃及艺术也成了装饰派设计师竞相效仿的对象。自1896年至1904年，《一千零一夜》的法译本开始刊行，古老的波斯和阿拉伯文化也成为流行样式所追逐的目标。

装饰派和当时较前卫的艺术派别如立体派等也有联系，两派艺术家联合做过设计。装饰派常用的几何母题也不无立体派的影响。在“野兽派”的作品中，运用了强烈的色彩对比，这点也为装饰派所承袭。

装饰派的室内设计中有丰富的装饰要素，因而室内除了壁画之外，一般不挂画框。画的主题也有浓郁的东方色彩。在家具和配件设计中，往往会用怪异的动、植物形象，尤其是金属部件。

在1925年的巴黎现代装饰和工业艺术博览会上，对比同时参展的勒·柯布西耶设计的居住单元，就能看出装饰派更注意室内空间的个性和装饰，而现代主义作品则坚信对于所有的空间都有一种永恒的表现方式。

这次博览会之后，这种情况有所转变，装饰派开始注意新材料、新工艺。这种变化最明显地体现在埃林·格瑞的作品中。在她20年代初的设计中还用昂贵的动物皮来包椅子面，椅子腿做成蛇形。在第一次世界大战前，她还曾将东方大漆运用到家具设计中，在她设计的一个住宅中，就曾有用大漆完成的酷似木舟状的床［图6–35（b）］。而到了20年代末，她开始喜欢镀铬钢管、玻璃等新兴工业产品。

1929年成立的“摩登艺术家联盟”中的设计师们与格瑞相似，也开始更多地使用新材料。他们的装饰艺术更抽象、更几何化、更多地受机器美学的影响。法国政府在30年代也努力促进法国的设计水平，以提高国家声誉，这也为设计师们提供了良好的条件。现代艺术家联盟成为现代设计运动中带有法国特色的独立派别，这一点在联盟中的一些人设计的家具中也可以体验到，他们的椅子用管形钢或立方体结构装饰而成，表现出精练的线条和雅洁的色彩［图6-35（c）］。

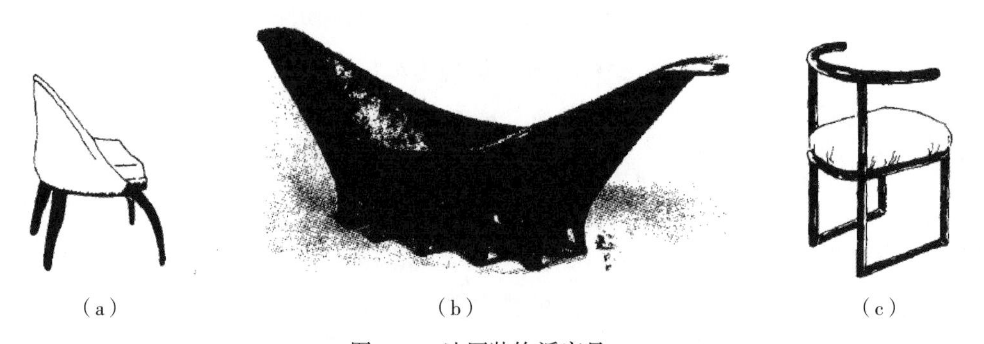

（a） （b） （c）

图6-35 法国装饰派家具

（a）鲁尔曼设计的椅子 （b）埃林·格瑞设计的床 （c）摩登艺术家联盟的椅子

美国没有参加1925年的博览会，但有一个庞大的代表团参观了展览。随后，这种新风格通过杂志和展览在美国开始传播。1929年的世界经济危机，极大地影响、冲击了巴黎的装饰派艺术，设计师们为了生计纷纷离乡出国，而装饰派艺术却因此为世界其他国家所认可并传播开来。大多数装饰派艺术家涌向了美国纽约和洛杉矶。对于美国这样年轻而富有的国家来说，装饰派艺术的豪华、新颖、不拘泥于传统也不像现代主义那么激进的特点，是用来表达国家形势的最好媒介，而机器化生产也有助于制作那些重复的几何母体。

芝加哥的高层建筑是美国人贡献给近代文明的独特财富。高层建筑的门厅也应当像它们的外立面那样富丽堂皇，装饰派在美国的代表作往往集中于这些门厅的设计。

到了30年代，强调竖线条的装饰派风格开始让位于强调流动的水平线条的新风格，产生了“流线型”或称“美国摩登”的样式。1929年的世界经济危机迫使美国制造商通过提高产品设计来促进市场销售，设计变成商业竞争中非常重要的手段，设计师也获得了像电影明星式的地位，设计范围扩展到工业领域。反过来，从工业设计中学到的一些东西尤其是符合空气动力学的流线型又影响了室内设计。到了经济复苏期，流线型和人们对生活的憧憬与信心越来越相符，成为室内设计的主题：房间四壁用几条水平的装饰线统一起来，转角抹圆；家具面板的侧壁做得很薄，家具沿水平方向连续布置，突出一体化的边缘线。

这种流线型的代表作当数赖特设计的约翰逊制蜡公司的办公楼（图6-36），室内随处可见水平的线条和圆滑的转角。建筑外观则突出连续的白色檐口和红砖之间的水平缝隙，转角处抹圆，体量的构成也反映了流线型的设计意图。

这时期，好莱坞电影中的室内布景也尽情地发挥了这种风格。两次世界大战期间，好莱坞的电影吸引了广大的英国观众，也把新的设计风格传播到了英国。影剧院这时成了重要的公共场所，它们的室内设计也开始革新，最突出的是把照明灯具设计摆在首位，装饰派的几何母体作为灯具和发光顶棚的图案，用灯来做装饰，既便宜又有奇特的效果，设计师们便淋漓尽致地应用它们。1930年，伯纳德在设计伦敦湖滨宫旅馆的门厅时，把柱子、台阶扶手、护板、门框、门头都外罩透明玻璃，内藏灯源，产生一种水晶宫般的幻觉。

图6–36　约翰逊制蜡公司办公楼

装饰派艺术注重传统艺术和民族文化的表现，积极探索适应机器产品的现代文化意蕴。装饰派艺术从20世纪初到八九十年代，在西方发达国家的设计领域内一直贯穿不错，目前正有发扬光大的趋势。当然，这与西方高度的物质文明有关联。人们对那些缺少装饰没有人情味的廉价设计开始腻味和厌烦，又回过头来重新关注传统和民族文化，以满足精神生活的需要。装饰与功能的融合，手工与机器生产的并存构成了今天独有的现象。人们面对审美对象，不仅求新，同时也寻旧，装饰派艺术所追求的目标与今天人们喜新寻旧的审美情趣十分合拍。

6.5　专业化的室内装饰设计

20世纪以前，职业化的室内装饰几乎不存在，室内装饰的方案往往是由建筑师、装修工匠、木匠、家具零售商来提供。

到了 20世纪，专门从事室内装饰的艺人开始增加，一方面是因为这一行业往往服务于上流阶层，有利可图；另一方面是随着经济增长，业务不断增多；还有一个原因是20世纪建筑的功能日趋复杂和多样，使旧房的改造成为当务之急。

室内装饰由于相对的独立性和较强的灵活性与适应性，往往能和当时激进的艺术派别结合起来。超现实主义、达达派等很多艺术形式在室内装饰作品中均有体现。到了30年代，室内装饰业已经成为一个正式的、独立的专业类别。1931年，美国室内装饰者学会成立，成为以后的美国室内设计师学会的前身。

在40年代和50年代，室内设计开始从单纯的仅仅限于艺术范畴的室内装饰中走了出来，并且和建筑、结构、暖通、给排水、电气等专业密切联系，关注新技术和新材料的发展。室内设计成为了一门独立的、具有综合性的专业技术，它不但从文化艺术的角度，也从科学的角度，对组成室内环境的各个要素做出统筹的考虑和安排。20世纪50年代“室内设计师”的称号开始被普遍地接受。1957年，美国“室内设计师学会”成立，标志着这门学科的最终独立。

总的来说，室内设计的专业化对室内装饰产生了两个方面的影响。在装饰文化艺术方面，室内设计专业化促使室内设计沿着不同的方向发展，一个是以不断更新的建筑流派为主导的室内设计；一个是以流行趣味为主导的专业室内设计。二者之间总在不断地斗争、不断地调和、不断地借鉴、不断地适应，这种永远的相互作用构成了20世纪绚烂多彩的室内设计风格与思想。在设计科学方面，室内设计的专业化促使室内设计寻求新的方法和依据。随着科学思想的渗入，设计方法从经验的、感性的阶段上升到系统的理性阶段。室内设计科学发展起来，开始对室内的声、光、热环境和“人—设施—环境”的关系展开深入而广泛的研究。“人—设施—环境”关系的研究，即“人体工程学”，从内容上可以分为两部分：设备人体工程学和功能人体工程学。设备人体工程学是从解剖学和生理学角度，对不同的民族、年龄、性别的人的身体各部位进行静态的（包括身高、坐高、手长等）和动态的（四肢活动范围等）测量，得到基本的参数。作为设计中最根本的尺度依据；功能人体工程学则通过研究人的知觉、智能、适应性等心理因素，研究人对环境刺激的承受力和反应能力，为创造舒适、美观、实用的生活环境提供科学的依据。

6.6 现代建筑装饰设计

6.6.1 晚期现代主义的形成与展开

第二次世界大战后，资本主义国家的经济经历了短暂的复苏期后，得到了迅猛的发展。随着经济条件的变化，也带来了社会结构和消费结构的变化。在物质财富极大丰富，对产品有多种多样选择的西方社会，人们不自觉地在大众传播媒介的诱导下，按广告的指引去消费，去满足自身大多数的现行生活需要。这样也导致了生活标准的同化、愿望的同化、活动的同化等。这些现象共同构成了消费时代的消费文化，也促使各国的设计活动必然带有消费文化的深刻印迹。

6.6.1.1　消费文化与室内设计

消费文化的特点是涉及面广、变化无常。建筑活动是人类消费活动的一个重要组成部分，在这个时代，也不可能不披上消费文化的这些特点。

战后的繁荣期中，家庭主妇成为广告商和制造商的进攻目标。战争中，妇女不得不被补充进劳动力大军之中，这也为女权运动创造了条件。战争后，当妇女重新回到家庭后，她们的地位发生了微妙的变化，成为家庭经济预算的主管。这使商人们意识到妇女是社会中消费的主体。

在住宅设计领域，商人们的这种共识引起了厨房设计的革命。厨房不再是狭小昏暗的，它作为主妇们一天中使用最多的场所，成为宽敞、明亮、引人注目的地方，并且厨房的设计又以科学为依据，最合理地布置设备和流线。一个新兴的工业——厨房工业也随之而起。吊柜、操作台、炊具、餐具等都走向工业化、模数化，冰箱、冰柜等厨房电器产品也不断涌现、更新，并在功能上不断地完善。这种趋势很快就走向了极端，厨房的空间已经不完全是根据功能的要求设计，而是显示主妇的气度和品味。厨房用具也并不一定完全根据需要，而变成装饰，甚至电器上多余的功能也成为一种装饰。对比30年代，包豪斯学派用设计轮船、船舱的原则来设计经济、节省、合理的厨房，更能显示出设计的变迁。

此时，住宅室内设计的另一个特点是流通空间的普遍采用。空间不再是用密封的墙来分割，无论在水平还是在垂直方向上都相互交叉、彼此融洽。起居室和餐室之间，只是用一个早餐吧台分隔。起居室的焦点也从壁炉转向了电视机，它的周围布置着造型新颖的匡溪学派的座椅，不锈钢管、玻璃、塑料贴面成为最时髦的家具材料。室内陈设成为各种风格的大杂烩。

在公共建筑领域，消费文化促成了大空间、大跨度建筑的形成。巨大屋盖下面的大空间可以自由分割。屋顶的结构往往采用工业建筑中常用的桁架。并夸大、突出桁架的造型，使这些连续的、大面积的钢结构成为动人心魄的装饰。这类建筑往往集购物、休闲、娱乐为一体。室内空间色彩艳丽，尤其是那些彩色塑料的桌椅，鲜亮刺眼。这种大空间建筑，通常称为巨构建筑，其目的是通过功能的灵活性和综合性，使消费者尤其是家庭主妇在其消磨时光，从而促进商品的销售。

消费时代潜移默化的影响，也引起设计观念上的变化。英国建筑师史密逊夫妇提出了“可消费的建筑”的概念，即建筑要从大众文化中汲取营养，要能跟上时代的变化，要承认飞速的风格变化。50年代末，这种“可消费”的观念大大影响了室内设计。室内已经变成消费品的仓库。影响转瞬即变的设计风格的因素很多。不同年龄的消费者对设计形式有不同的要求。青少年逐渐成为一支消费大军，这便使居家设计多姿多彩。整个家庭的室内已经不可能只有一种风格。孩子的卧室往往体现出他们的个性。贴满了明星的海报，挂着歌星的金曲唱盘。街上的餐馆也有专门为青少年开设的，风格上也迎合他们的口味。

青少年一代作为新的消费主体的出现，预示着新的文化标准的形成。文艺复兴以来，艺术的矛头似乎永远指向“野蛮”与“粗俗”。像“巴洛克”“印象派”“野兽派”等名称，虽然暗含着被“阳春白雪”的传统艺术所戏谑的意味，但这些艺术从本质上是向“高艺术”方向，亦即“阳春白雪”的方向上努力的。在建筑艺术领域，文艺复兴实际上是复兴了维特鲁威的适用、坚固、悦人的古典原则，虽然现代主义建筑对古典建筑做了透骨的批判，但在这些基本原则上并没有离经叛道。而且最有代表性的四位大师——赖特、格罗皮乌斯、密斯、勒·柯布西耶都努力用新形式把建筑艺术上升到一个更高的“高艺术”境界。但是，商业社会和消费文化却偏偏造就了只爱欣赏通俗文化的主体，社会的中产阶级化又使得这个主体有非常独立的自我意识。他们优裕的生活条件和大量的消闲活动也促使了新型文化的形成，这种文化来自电影院、商店、酒吧、夜总会……这些场所也成为艺术家们收集创作素材的地方，渐渐地这些信息又以一种新的艺术语言反馈回大众生活的视觉和触觉世界里，通过广告、招贴画等传播媒体变成产品设计和时髦样式的主导力量，这便是“波普艺术”（Pop Art，pop来自英文popular一词）。它可以被描述为是“大众的、短暂的、消费的、低价的、批量生产的、年轻的、诙谐的、性感的、风趣的、有魅力的、可大量交易的”艺术。英国批评家艾络维于1958年发明“波普艺术”这一词时，就是想指出一些年轻艺术家的创作题材中有着流行的、通俗的文化倾向。波普艺术并不是在创造风格，它是一种影响深远的文化现象。它使以后的艺术发展与社会生活的关系更为密切，大大拓展了艺术的范围和手段，并促使人们去重新思考艺术的含义和作用。

自20世纪50年代到70年代以来，“波普”思想对室内设计产生了一系列的冲击。首先，“波普”设计把高艺术和通俗文化融合在一起。在20世纪的室内设计中，复古主义永远是一条绵延不断的源流。但在消费社会和民主气氛中，任何一种风格的复兴，已经不再像文艺复兴和拉斯金时代那种哥特复兴了，它几乎没有深刻的有关政治、哲学等的意识形态方面的内涵，而只是一种为我所用的选择，用轻松、自然、诙谐、现代的手法表达出来，成为满足个人喜好的消费品。其次，坚实、持久等基本的传统设计信条受到怀疑，一些“波普”设计所表现出的是暂时性和可变性。例如，英国设计师墨多赫设计的桶形纸板椅，表面贴光亮的圆点纹样的花纹，它的寿命只有3～6个月，消费者可以像对待时装似地处理这类家具，一旦过时就可以丢掉。“波普”设计的许多观念与传统的不同，传统的设计往往用一种模拟人和生物的形式表达出坚实、持久等概念，例如柱式的运用，使人似乎能够感觉到荷载的传递。这种观念导致形成了一套设计语言和语法规则，使设计母体变得非常有限。但是“波普”设计作为一种来自于生活的通俗艺术，它把生活中的一切对象都毫无筛选地用做设计母题。例如把沙发做成手掌、鞋子的形状；用充气等非传统结构形式作支撑结构，根本不去考虑有无坚实、持久的感觉。再次，建立在高消费基础上的“波普”设计，把表现材料和技术当成设计目的。在近现代的设计运动中，材料和技术是作为一种设计手段来使用的，例如，“新艺术”运动利用材料的塑性实现艺术上的创意；现代主义运动是利用现代技术的批量化大生产的特点。而“波普”设计，往往把现代科学技术和材料形象化，使之成为一种新的艺术形象。“波普”式的室内设计也自然朝着材料的光亮化和造型的机器化发展。

“波普”艺术作为消费文化的一种现象，也是设计文化更加人文化的一种标志。在设计中，“人文主义”是个不断更新的概念。在传统的建筑理论中，往往从形式的角度来认识建筑中“人文”的内涵。例如，英国学者乔弗莱·司谷特认为建筑中的“人文主义”表现于人在欣赏建筑时，把主体移情化地投射到客体，使建筑人化，使人能体验到建筑中的力。现代主义建筑则从功能角度发展了“人文主义”的概念，因为以功能为核心的设计本身就是一种人性的设计。在消费文化时代，这个概念又得以进一步的深化，消费者的喜爱和趣味直接影响着设计的内容和形式，设计由于肯定和体现了大众文化变得更加民主、公正了。

随着现代主义建筑在使用中问题的不断暴露，空间环境的安全性问题、可识别性问题的研究也日益迫切。20世纪60、70年代，办公空间又有了很大的发展，“景观办公室”成为普遍受到欢迎的办公空间，它一改家具布置僵硬、单调的敞开式办公室的气氛，根据交通流线、工作流线、工作关系等自由地布置办公家具，室内充满了绿化。“景观办公室”通过组团布置、无规则的陈设，甚至园艺绿化，减少了工作中的疲劳，大大提高了工作效率。

在公共交往的领域，新的空间形式是中庭空间的使用。美国建筑师波特曼（John Portman）通过一系列设计实践了“人看人”的中庭空间理论。在20世纪70年代，中庭空间已经成为人际交往的重要场所，波特曼说：“在一个拥挤的城市中间的旅馆需要一个开敞的空间。”但中庭的应用远远不限于旅馆，随着博物馆热的兴起，中庭成为博物馆中的一个重要元素，甚至成为主要元素，这说明，人的行为已经越来越成为设计的焦点。

6.6.1.2　晚期现代主义建筑装饰

在消费社会中，物质财富的骤增使人们对居住的需求发生了逆转，如何合理、经济地利用现代技术与材料变成了如何最大限度地消费现代技术与材料。在20世纪60年代以后，现代主义建筑从形式的单一化逐渐变成形式的多样化，虽然现代建筑简洁、抽象、重技术等特点得以保存和延续，但是这些特点却得到了最大限度的夸张：结构和构造被夸张为新的装饰；平凡的方盒子被夸张为各种复杂的几何组合体；小空间被夸张成大空间等。在这个时期，一些现代主义的设计原则也走向极端：现代主义建筑中，室内外空间环境相协调的原则，被夸张为“整体设计”原则（total design）；功能原则被夸张为表现功能原则；真实地反映结构和构造的原则，被夸张为极力暴露表现结构的原则等。这种夸张虽然深化、拓展了现代主义的形式语言，但也使现代主义变成了一种形式主义的手法和风格，在消费社会中像时装一样的转瞬即逝，但也呼之又来的样式，因而在以后的多元时代和信息社会中也总是垂而不死、死而复生。

早在19世纪80年代，沙利文就提出了“形式追随功能”的口号，后来“功能主义”的思想逐渐发展成为形式，不仅仅追随功能，还要用形式把功能表现出来。这种思想在晚期现代主义时期得到进一步强化。以美国建筑师路易斯·康的“服务空间”——“被服务空间”理论为代表。

路易斯·康认为：一个建筑应当由“被服务空间”和“服务空间”两部分组成。并且应当用明晰的形式表现它们，这样才能显现理性和秩序。这种思想在宾州大学理查德医学研究楼中得以体现：“被服务空间”是三个有实用功能的研究单元，它们围绕着核心部分由电梯、楼梯、贮藏室、动物室构成的“服务空间”。每个属于“被服务空间”的研究单元都是纯净的方形平面，它们又附有独立的消防楼梯和通风管道井形成的“服务空间”（图6-37）。在建筑外观上，“被服务空间”被表现为有玻璃窗的塔楼，而“服务空间”则被表现为一个个砖砌的封闭体量，它们突出屋面许多，高直而沉稳。在这里“服务空间”被刻意雕琢、重点表现使之成为塑造建筑形象的元素。这种做法实际上已偏离了“形式追随功能”的初衷，走上了用形式来夸张和表现功能的道路，构成了晚期现代主义设计风格的一大特点。

图6-37　宾夕法尼亚大学理查德医学研究中心

这种对功能的夸张与表现还远不限于“服务空间”和“被服务空间”。1959年，在康设计的萨尔克生物研究所大楼中，除了大的研究空间外，康还设计了许多尺度宜人的小研究室，并且用重复的手法使之在外立面上能清晰地鉴别出来。这种手法在以后许多科教与办公建筑中成为一种时尚，设计师们都刻意去设计这种小单间，并使之在立面上暴露出重复的结构，从而构成立面的一种装饰。

路易斯·康的“服务空间”和“被服务空间”还有另外一层含义，即“被服务空间”是个整体，是个纯洁的大空间，不必再利用墙体分隔。这种思想与密斯提出的“全面空间”概念是一致的。全面空间在晚期现代主义建筑中非常流行，并用于图书馆、博物馆、展览厅、会议厅、超级市场等。在全面空间中，结构只起围护作用，而功能可以随意安排。全面空间成为表现、夸张多功能建筑的最好的手段。

晚期现代主义设计风格还表现为把结构和构造转变为一种装饰。现代主义建筑没有了装饰元素，但它们的楼梯、门窗洞口、栏杆、阳台等建筑元素以及一些构造节点则替代了传统的装饰构件而成为一种新的装饰。现代主义设计师擅长抽象形体的构成，往往用有雕塑感的几何构成来塑造室内空间；他们还擅长设计平整、没有装饰的表面，表面层装饰不同于花饰，而用材料本身的肌理和质感。因而，在现代主义开始走向形式主义的巅峰时，晚期现代主义建筑产生了两种装饰趋势——雕塑化趋势和光亮化趋势。雕塑化趋势又可以分为冷静的和激进的两个方向，可以用极少主义和表现主义来概括。

20世纪60年代初，一批前卫的设计师在密斯“少就是多”的设计原则基础上，提出了更为极端的“无就是有”的新口号，并形成了新的极少主义装饰风格。他们把室内所有的元素包括梁、板、柱、门窗框等简化到不能再简化的地步。隐藏所有视觉上多余的节点、设备、线路、线脚等，剥去所有的非本质的装饰，只剩下光洁平滑的顶棚、地板、墙面等。

极少主义装饰艺术完全是建立在高精度的现代技术条件上，借助精良的施工工艺，同时，也借助高质量的材料，使室内各构件的精密度成为欣赏对象，使抛光后的原木、大理石、花岗石等自然纹理成为最感人的装饰，家具则用色彩明亮、造型独特的工业化产品。

在美国，极少主义装饰风格的代表人物有勃恩特、鲍德温等人。他们的作品也或多或少地表现出了某种教条，而且为了实现“少”，而费尽心机，因为工艺和材料毕竟很难达到“极少”。美国的SOM设计公司在布鲁塞尔设计的一个作品就是这方面的典型例子。在做白石膏板墙和地板的交接处理时，根据功能的需要，设计师在踢脚的位置使用了白色大理石，但在其表面又涂上了涂料，使之和石膏墙之间看不出任何不连续的地方。如果是在第二次世界大战前，让一个现代主义的设计师来处理这个节点，他一定会在两种材料的接缝处留出空隙，或是使它们有凹凸变化，以区分材料的不同，但极少主义者是绝对不会容忍这种多余处理的。极少主义的这些作法，也反映了晚期现代主义风格越来越手法化，它和以“真实”为信条的现代主义设计思想越来越远。

极少主义室内设计还有一个特点，就是和极少主义的雕塑熔为一体，把门框、隔断、扶手、楼梯等通过艺术的变形与夸张，变成了室内的极少主义的雕塑品，由此产生一种不同一般的装饰效果。极少主义装饰风格在六七十年代全盛之后逐渐衰亡。

20世纪60、70年代有许多建筑师也表现出极少主义的设计倾向。美国华裔建筑师贝聿铭为典型的代表人物。他能够精湛地处理有雕塑感的形体，并且富有理性精神。他的设计简洁、明快，颇有极少主义倾向。肯尼迪图书馆（图6–38）和华盛顿国家美术馆东馆（图6–39）就是典型实例。

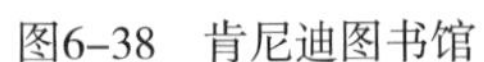

图6–38　肯尼迪图书馆

图6–39　华盛顿国家美术馆东馆

肯尼迪图书馆位于波士顿海湾的一个空地上。建筑造型选择圆、方、三角形几何体的组合，白色混凝土实墙和深色的玻璃幕墙形成鲜明的对比。平面设计也是通过几何形的叠加、变化，形成了简洁大方、气势夺人的空间效果。图书馆入口处有一个巨大的中庭空间。中庭由巨大的大玻璃围合，暴露着支撑玻璃的金属桁架；地面为深色，与洁白的、阳光下呈暖色的实墙、栏板、楼梯形成对比。中庭高33m，除了顶棚上悬吊着一面硕大的国旗之外，再无任何装饰，是典型的极少主义的手法。

充满阳光的中庭空间高大、空阔，加上川流不息的行人，显得格外动人。在消费文化下，很多建筑都努力创造出这样夸张的、大尺度的共享空间供人消闲。在肯尼迪图书馆设计中，由于通货膨胀必须削减面积。贝聿铭为了保留这个中庭，宁愿牺牲图书馆其他部分的面积，以至于使很多图书文件别移他馆。这也反映了这一时期的一种设计思想。这种“喧宾夺主”的手法在华盛顿国家美术馆东馆中也很明显。作为美术馆主要使用部分的展厅非常小，而中庭的共享空间却异常壮观。中庭的顶棚是由25个玻璃四棱锥体组成的采光顶棚，下边吊装着红色的能够活动的抽象雕塑，中庭空间中还有几处横空穿越的天桥与四周的回廊、平台相连，这一切使得这个共享空间越发显得生动有趣，富有层次。

中庭空间的产生有其现实的建筑文化背景。过去，城市市民的许多活动是在小尺度的、有围合感的城市空间中进行的，例如欧洲传统的城市广场，其功能几乎像是城市的起居室，人们在此交谈、休憩、做生意。但随着现代主义城市规划和设计思想的确立，城市空间的主体变成机动交通，城市空间变得空旷而失去亲切的尺度，甚至有潜在的危险，已经不能满足人的公共交往。因而人们不得不到建筑中，去寻找宜人尺度的公共空间，于是中庭应运而生。中庭的出现也使室内设计和室内装饰语言更加丰富，并且提供了充足的空间，使室外的建筑装饰手法可以用于室内，更好地实现了现代主义的室内外协调统一的整体设计原则。

表现主义在20世纪初就走上了世界建筑舞台，50年后，表现主义的设计倾向在建筑领域再次回升。我们前面谈到的朗香教堂便是一例，它那夸张的、具有雕塑感的建筑形体叫人浮想联翩。这以后，表现主义时有出现。并开始在一些大型建筑中发扬光大。其中最著名的典型作品就是由小沙里宁设计的纽约肯尼迪机场TWA候机楼（图6-40）。曲面的极具雕塑感的外型有一个非常简明的寓意——一只飞翔的大鸟。TWA候机楼的室内，除了一些招牌是自成系统外，其余的座椅、桌子、柜台以及空调、暖气、灯具等都和建筑浑然一体。为了和双曲面的薄壳结构相呼应，这些构件也用曲线和曲面表现出有机的动态，使建筑的室内外体现出统一的造型特征。在这里，整体设计原则被贯彻的更为彻底。

（a）　　（b）

图6-40　纽约肯尼迪机场TWA候机楼
（a）候机楼外观　（b）候机楼室内大厅

通过以上几个建筑实例，我们不难看出，在晚期现代主义时期，建筑结构已经不仅仅是用来构筑空间、传递荷载的手段，它更是表现空间、装饰建筑的有力手段。

与雕塑化趋势并行的是光亮化趋势，并形成了光亮派的设计潮流。光亮派设计大量采用不锈钢、铝合金、镜面玻璃、磨光花岗石、大理石或新的高光亮度装饰材料，十分重视室内灯光照明效果，利用光亮的装饰材料反光折射，使空间显得丰富。光亮派的室内设计巨有光彩夺目、豪华绚丽、人动景移、交相辉映的效果。

20世纪60年代中期，奥地利建筑师汉斯·霍莱因设计的维也纳莱蒂蜡烛店（图6–41）就具有很强的光亮派的设计特点。该店店面占临街楼房底层的一个开间。立面采用完整的抛光铝板制造出迷人的光泽和反射效果，金属板像纸一样被切开，折成曲面；门洞的轮廓像是两个背靠背的“R”字母；两侧内凹的小橱窗十分明亮显眼。室内两侧墙上有两面相对的修长镜面相互映射。室内空间经多向轴线的处理将人们所有的注意力都汇集在节日般的蜡烛群和光亮的货架上。在这个设计中，光亮的表面和虚幻的倒影之外，其形象似乎还含有一些暗示和隐喻。这种把建筑处理成为传递复杂信息的媒介的设计倾向，在以后成为后现代主义建筑装饰的典型特点。

图6–41 维也纳莱蒂蜡烛店

6.6.2 后现代主义建筑装饰

第二次世界大战结束后，现代主义建筑成为世界许多地区占主导地位的建筑潮流。但是，在现代主义建筑阵营内部很快就出现分歧。一些人对现代主义建筑观点和风格提出了怀疑和批评。纽约大都会博物馆1961年举行学术讨论会，议题是“现代建筑：死亡或变质”，就反映出许多人对现代主义建筑前景的忧虑。

20世纪60、70年代以来，随着电子工业技术的迅速发展，美国及西方发达国家开始进入所谓的后工业社会——信息社会。这个社会与先前的时代不同，它是商业高度发达的社会，更注重广告效应与消费，标新立异、引人注目是更重要的事。

这个时期，在建筑领域里，对现代主义建筑的批评越来越尖锐，并且开始涌现出许多新的建筑观念和建筑理论，其中很多观点同先前的现代主义建筑思想有明显的区别，甚至是相互对立，发生冲撞。这些新的建筑观念和建筑理论被笼统地称作“后现代主义”建筑思潮。

6.6.2.1 后现代主义建筑理论

对于什么是后现代主义，什么是后现代主义建筑的主要特征，在建筑理论界并没有一致的看法和理解。美国建筑师斯特恩提出后现代主义建筑有三个特征：①采用装饰；②具有象征性或隐喻性；③与现有环境融合。美国建筑评论家詹克斯则不赞成“将一切看起来与国际式方盒子不同的建筑”都归入后现代主义建筑的做法。他认为：“后现代主义建筑就是至少在两个层次上说话的建筑：一方面，它面向建筑师和其他关心特定建筑含义的少数人士；另一方面，它又面向广大公众或本地的居民，这些人注意的是舒适、房屋的传统和生活方式等事项。”詹克斯还称后现代主义建筑不使用单个译码而采用“双重译码”。这种建筑采用一种译码，得到这样的含义；采用另一种译码，又得到另一种含义。他认为后现代主义建筑是“在多方向上扩充建筑语言——深入民间、面向传统，采用大街上的商业建筑俚语。由于双重详码，这种建筑艺术既面向杰出人士，也面向大街上的群众说话”。从这种观点可以看出，后现代主义建筑更强调建筑传递信息的媒体作用，并重视建筑与各层次人们交流并被理解。

目前，在建筑理论界，一般认为真正给后现代主义建筑提出比较完整的指导思想的是文丘里。他在1966年撰写的《建筑的复杂性和矛盾性》一书，被认为是自1923年勒·柯布西耶的《走向新建筑》出版以来，有关建筑发展最重要的一部著作。

6.6.2.2　后现代主义的设计特点与设计实践

1978年，汉斯·霍莱因设计的维也纳奥地利旅行社营业厅的室内，是对后现代理论的最好的、直观的阐释（图6-42）。长方形的大厅覆盖着玻璃光栅，它的每一个构成部分都存在着意义上的含混和复义：拱形光棚令人联想起20世纪初瓦格纳设计的维也纳邮政储蓄银行营业厅的顶棚；服务台处的背景是一幅名画的局部，它是由木刻彩绘制成，像是一个充满田园情调的舞台背景；服务台上方的木杆上悬挂着金属的帷幕，它像是一匹布随意耷拉在那儿；9棵金属的棕榈树自由地布置在休息区附近；边上还有一个金色的金属休息亭子，它使用了印度母题，形成空间中的空间；墙的转角有一处三角形的斜面墙体，象征金字塔，它既像是一片断墙斜依在墙角，又像是金字塔的局部穿透了这个空间；斜墙前面有一根不锈钢的柱子，它是从半截的古典柱式中长出来的。这个室内中

图6-42　维也纳奥地利旅行社营业厅室内

每一个组成要素都是精雕细刻、韵味十足，好像包含着深刻的哲理与无尽的诗情画意。不了解历史和地域民俗的人可以在自然流动的布局，浪漫的色彩和造型中体验到一种新奇以及文化内蕴中的勃勃生机，得到一些朦胧的启迪；而熟悉历史和地域民俗的人则仿佛到印度洋踏了一回浪，在热带丛林冒了一次险，从帕提农神庙的残垣断壁看到古希腊光辉灿烂的文明……

随着后现代主义设计师的增多，后现代主义设计作品不断涌现，后现代主义建筑装饰明显地表现出以下四种设计倾向：

（1）历史主义倾向

但这种历史主义与20世纪前的复古主义不同，有两个特点。第一，20世纪前的复古主义往往是以古希腊、古罗马、哥特建筑为复兴对象，而后现代主义的复古范围却是非常广泛的，除现代主义外的一切传统形式均可成为后现代主义复兴的对象。甚至不同年代不同风格的形式混杂在一起。第二，20世纪前的复古主义往往有非常强烈的政治、哲学等意识形态意味，例如文艺复兴与反对宗教神权有关，法国的罗马复兴与拿破仑的军功关联。但后现代主义建筑对历史风格的援引，虽然是挽救因国际式风格的泛滥而变得千篇一律的世界，但它并不以一种英雄主义的面貌出现。在消费时代，设计师即使有深厚的古典功底和精湛的设计技巧，他也小心翼翼地把自己的学识和消费者的口味相调和。消费者也不再是社会上流和知识阶层，连社会的最底层在民主社会中也拥有评论和参与的权利。因而设计师在高雅文化与通俗文化并存面前，只能采取变形的历史主义方法，即文丘里所说的“不传统地应用传统”。这在詹克斯1984年设计的一个起居室中，表现得很明显。

（2）装饰的倾向

随着后现代主义的宣传与实践，装饰又回到建筑上来。只是，建筑师的装饰意识和装饰手段，已有了新的拓展。除了对传统部件的改造、使用外，最显著的特点是一种“大装饰”的手法，大胆潇洒，花样翻新。光、影和用建筑构件构成的通透空间，成了这种“大装饰”的重要手段。在室外，往往用钢筋混凝土梁柱或用各种涂有鲜艳色彩的型钢等做成的简单的或复杂的构架，作为建筑物或建筑群体空间中的附加装饰。这种装饰有极强的建筑艺术表现力、新鲜感和时代感。它的装饰效果，得力于这些构件在建筑物上所产生丰富的光影和光影变化，以及在建筑立面上、建筑群体中所形成的通透、活泼的空间。在室内这种装饰手法往往与家具、隔断等的造型处理相结合，产生别具一格的室内装饰效果。

这种“大装饰”的手法在室内设计方面还有一种表现，那就是“屋中之屋”。前面我们谈过的维也纳奥地利旅行社营业厅中，那个印度样式的金属亭子就是一例，它使室内空间获得了层次和趣味。在这方面更早的实例是查尔斯·摩尔1962年设计的一幢住宅。这是一个像仓库似的大房子，但极端简单的四坡顶大空间中却又有两个靠四脚柱子支撑的小亭子，一个作为床的华盖，一个庇护着下沉式浴池。摩尔在这个住宅中用两个“屋中之屋”戏剧性地夸大了床和洗浴设施，使它们变成了室内引人注目的景观。这种空间中的“装饰空间”在当代建筑装饰中经常被采用。

（3）象征主义的倾向

象征事实上是设计文化中的一种普遍现象。任何设计必然都是整个文化系统的一分子，它也必然地与系统中其他的部分相关联。人们总是依据其内心中已有的经验、概念和图式来理解、接受新的东西，因而总是不断地把此物比作彼物。文丘里曾对设计中的象征问题进行如下分类：当建筑的空间、结构和功能系统被一种全盘的象征形式所淹没、所装饰时，这样的建筑与做成鸭子形状的路边餐馆在设计手法上是一样的。文丘里把这种变成雕塑的建筑称为“鸭子”。当建筑的空间、结构系统直接服务于功能，而装饰的应用独立于上述因素之外，文丘里称之为“被装饰的庇护所”。

现代主义的建筑就是“鸭子”式的建筑，因为它的外观完全是依据内部的功能所构造出来的，它没有多余的装饰，故而它的功能构件变成了装饰构件。而决定这些功能构件形式的因素是单一的，它的意义很直接，没有丝毫的含混和复义。而后现代主义的建筑是“被装饰的庇护所”，它的含义超越了功能的约束，而它的设计师受过功能主义的洗礼，能够把功能问题解决得非常完美。后现代主义建筑总是用小心翼翼设计而成的装饰使建筑复转化，避免直截了当的象征，而把象征变成捉摸不定的隐喻。詹克斯曾说：“隐喻越多，这场戏就越精彩，讽喻得很微妙的地方越多，神话就越动人。多重的隐喻是很有力的，每个莎士比亚的学生都懂得这一点。”詹氏举例说，朗香教堂使人想到合拢的双手，浮水的鸭子，修女的帽子或攀肩而立的两位修士，这都是建筑中的隐喻，隐喻是不确定的。正是由于这个原因，朗香教堂被认为是开辟了后现代主义隐喻的先河。为了实现多重性的隐喻，后现代主义者往往把建筑学变成符号学，从信息的制作、传播、接受诸环节探索使语义更复杂化的可能性。例如，使用古典的词汇，却不使用古典的句法，产生引人注目的变形、分裂、错位的效果等。

（4）文脉主义的倾向

现代主义运动中，设计的重点是空间，关心的是空间的物理构成给人的心理印象。但在后现代主义时期，人们是出了“场所”的概念。所谓场所，即人类长期的营造活动所形成的使用者和人工环境之间的复杂关系。环境艺术与其他门类的艺术之间的差别正在于它不以提供给人一个欣赏品为目的，而以提供给人一个能够反映历史文化、价值观念、个性尊严的场所为目标。无论是在室内设计还是在建筑设计中，文脉主义的倾向都是从地段的历史出发，从地区的文化传统出发，对特定的环境给以照应和尊重，创造一个使人获得归宿感的新环境。意大利广场就是一个反映“场所”概念的典型例证：广场建成后意裔居民常到那举行庆典仪式和聚会，它同时也是一处非常适宜的休憩之处，受到周围群众的欢迎。后现代主义发扬了波普艺术中大众文化的力量，它既抛弃了内容空洞，适用于任何地方的国际式；同时也反对文艺复兴以来的古典主义中仅仅偏好于希腊、罗马艺术的精华。新的后现代主义文化还吸收了地方文化、乡土文化以及现代生活中的大众文化。后现代主义设计中的文化特征，使它能够制造出一个能够使使用者和环境之间相互认同的场所。因而后现代主义的设计变成一个非常广义的概念，它不仅仅专注于形式的处理技巧，还关注于气候、环境、资源、传统、行为等因素，这些广泛的参照物也使得后现代主义设计更加多样化、多元化。

从以上四种设计倾向我们可以看出，后现代主义建筑还是建立在现代消费文化的基础上，是波普艺术在建筑领域的表现。K. 福兰普顿在《现代建筑——批判的历史》中对后现代主义建筑作了如下的评论："如果用一条原则来概括后现代主义建筑均特征，那就是：它有意地破坏建筑风格，拆取搬用建筑样式中的零件片断。好像传统的及其他的建筑价值都无法长久抵挡生产——消费的大潮，这个大潮使每一座公共机构的建筑物都带上某种消费气质，每一种传统品质都在暗中被勾销了。正是由于这样，后现代主义建筑装饰的经典性、严肃性被大大降低了。"这点在意大利的"孟菲斯集团"的设计中表现得比较明显。该集团成立于1981年，孟菲斯集团的设计师们努力把设计变成大众文化的一部分，他们从西方设计中获得灵感，20世界初的装饰艺术、波普艺术、东方艺术、第三世界的艺术传统、古代文明和国外文化中神圣的纪念碑式建筑等都给他们以启示和参考。他们认为：他们的设计，不仅要使人们生活得更舒适、快乐，而且要具有反对等级制度的思想内涵。在家具设计上，他们常用新型材料、响亮的色彩和富有新意的图案，包括截取现代派绘画的局部，来改造一些传世的经典家具，显示了设计的双重译码：既是大众的，又是历史的；既是传世之作，又是随心所欲的（图6–43）。

图6–43　孟菲斯集团家具设计

6.6.3　建筑装饰的多元化

世界进入后工业社会以来，人类所面临的挑战，已经不再是人为了获得基本的生存权而与自然界之间如何斗争；而是人类为了更好的生存与延续，如何对待人为的生产方式和产品。因为正是人类在创造物质成果的过程中，所带来的诸如资源匮乏、生态恶化以及人类自身的精神动荡与压迫，构成了对人的最大威胁。这种挑战在设计界也同样存在，矛盾比比皆足：设计既给人们创造了新的环境，又破坏了既有的环境；设计既带来了精神上的愉悦，又经常是过分的奢侈浪费；设计既有经常性的创新与突破，但这种革命又破坏了人们所熟悉的环境，而强加给人所不熟悉的环境……，越是高度文明，越是充满了各种矛盾与冲突。当今社会，用一两种标准来衡量设计已经是不可能的了，对不同矛盾的不同理解和反应，构成了设计文化中多元主义的基础。事实上，在20世纪前半叶，建筑界就已经呈现出了多元化和多样化的局面，到了20世纪后期，建筑流派五花八门，建筑形态千姿百态。建筑装饰开始更明显地朝着多元化的方向发展。设计文化进入了多元主义时代。

6.6.3.1　后现代主义建筑装饰的发展与表现

20世纪70年代末，以历史主义为依托的后现代建筑装饰风格开始朝着两个方向发展：一方面是更戏剧化地使用传统语言，形成了自由古典主义；另一方面则是返回较为纯粹的古典主义中去。

自由古典主义的理论基础是格式塔心理学。格式塔的本意是“形”，但它并不是指物的形状，或是物的表现形式，而是指物在观察者心中形成的一个有高度组织水平的整体。因而“整体”的概念是格式塔心理学的核心，它有两个特征：①整体并不等于各个组成部分之和。②整体在其各个组成部分的性质如大小、方向、位置等发生变化的情况下，依然能够存在。作为一种认知规律，格式塔理论使设计师重新反思整体与局部的关系。古典主义的设计理论要求局部完全服从于整体，并用模数、比例、尺度以及其他形式美原则来协调局部和整体的关系。但格式塔理论还指出了另一条塑造更为复杂的整体之路：当局部呈现为不完全的形时，会引起知觉中一种强烈追求完整的趋势，例如轮廓上有缺口的图形，会被补足为一个完整的连续整体。局部的这种加强整体的作用，使之成为大整体中的小整体，或大总体的片断，还能加强、深化丰富总体的意义。自由的古典主义正是根据这条原则来处理整体与局部的关系：在形式上，使用不完全的片断、非对称的对尔、有变化的统一、多种风格的折衷等手段，构成一个矛盾的整体；在内容上，使用明喻和隐喻、历史与现代的共存、价值观的多元化、感官刺激的夸大、人为的戏剧化等，使局部超越其功能的束缚，构成一个复杂的整体。在1987年柏林建筑展（图

6–44）中，后现代主义建筑这种自由古典主义的设计倾向表现得极为充分。其中，“S. F.33–94E号楼”［图6–44（b）］是将该地在第二次世界大战中被毁的老建筑残余片断与新建筑组合起来，作为新楼的入口，可谓匠心独运。

（a）

（b）

图6–44 1987年柏林建筑展代表作品
（a）汉斯·霍莱因设计的189–7G号楼 （b）S .F. 33–94E号楼入口

当自由古典主义者把从古典建筑上肢解下来的片断变形处理后，与钢材、玻璃等现代材料构成的现代主义片断戏剧性地交织在一起的时候，建筑的形式完完全全变成了符号的组合，变成了传递复杂信息的媒介。

自由古典主义者这种折衷主义的做法，并没有得到普遍的认同，开始重新审视古典主义。古典建筑作为人类文明成熟的产物是人类高级文化的代表，具有无法替代的历史内涵和文化意义。在人类文明高度发达的今天，人们没有理由抛弃被文明反复琢磨，并形成体系的经典，而一味地追求不成熟的创新。古典主义作为一种较为理想的设计手段，完全可以解决现代设计所面临的诸如材料的使用、形式的多样、精神的满足等问题。在现代设计中，一个悬而未决的问题是设计如何反映时代精神。在以制造业和产品经济为主体的工业时代，设计的风格往往反映出一种工业化的生产程式，例如光亮化趋势、简单化趋势，无非是表明高速度、高效能。到了信息化的后工业社会，人类逐渐从繁重的劳动之中解脱出来，服务性经济占了主导地位，人的休闲与娱乐、自我价值的表达、成就感与领域感的获得等高级的心理享受，成为生活目标的主体。因而又形成了一股消费高级文化潮流，自然也趋向追求纯粹的古典主义。在90年代世界资本主义经济衰退之前，发达的资本主义国家和地区又兴起了一场新的高层建筑热。这些大尺度的建筑，其装饰风格往往采用古典的构图形式和古典的艺术语言来表现体面和气派，作为商业企业形象和地位的象征。这些建筑不像一般小型的后现代建筑那样，充满了滑稽和戏剧性。这种较纯粹的古典主义设计倾向在一些小型建筑及室内设计方面也有相当显著的表现。

6.6.3.2　高技派

现代主义设计风格作为20世纪的正宗，在20世纪后期消费文化的影响下也有其多元化的发展。进入后工业社会以来，一种建立在现代主义基础之上，在某些方向有些变化的设计风格——高技派逐渐形成。早期现代主义设计风格也与技术紧密相连，但它表现的重点在于机器般的品质，以及通过机器创造出的一种适合现代技术生产的设计表现形式。而高技派更侧重于开发利用和有形展现现代化科学技术要素，尤其侧重于先进的计算机、宇宙空间和工业领域中的自动化技术。在美学上，高技派极力表现高技术的精美，并伴有“粗野主义”的设计倾向。

高技派建筑的代表作品是巴黎蓬皮杜艺术中心（图6–45），它是由英国建筑师罗杰斯和意大利建筑师皮亚诺合作设计的。大楼由28根圆形钢管柱支撑，两列柱子之间用钢管组成桁架梁承托楼板。柱上有向外挑出的悬臂钢梁作为外部走道，自动扶梯和设备管道的支架。在这里令人感到奇特的是大楼的外墙在柱子后面，因此大楼的柱子、悬臂梁以及网状的拉杆在立面上非常显著。而更为奇特的是，建筑师把各种设备管道也尽可能地放到了大楼立面上，在沿街立面上，不加遮挡地安置了许多设备和管道：红色的是交通和升降设备，蓝色的是空调设备和管道，绿色的是给排水管道，黄色的是电气设备，五颜六色，琳琅满目。在面向广场的立面上，突出地悬挂着一条蜿蜒而上的圆形透明大管子，里面装有自动扶梯，那是把人群送上楼的主要交通工具。

图6–45　巴黎蓬皮杜艺术中心

这样一套结构布置和设备布置，使得建筑每一层楼都是长166m、宽44.8m、高7m的大空间。除去一道在建造过程中被强加上的防火隔断外，里面没有一根内柱，没有固定墙壁，也不吊顶。室内所有部分不论是图书馆还是讲演厅，也不管是办公室还是走道，统统用活动隔断，家具或屏风临时地大略地加以划分。设计人罗杰斯对这样的室内设计处理是这样解释的："……我们认为建筑应该设计得让人在室内室外都能自由自在地活动。自由和变动性能就是房屋的艺术表现。"但在大楼使用以后，人们看到，把多种不同部门和性质相差很远的活动都纳入统一的大空间之内，常常造成凌乱和相互干扰的情况。外来的人常常会在临时布置的迷宫似的家具和屏风之间走错路线。这座艺术中心实际上如同一个文化超级市场。

英国设计师福斯特（Norman Foster）设计的香港汇丰银行（图6–46）也是高技派的代表作品，但其室内要比蓬皮杜艺术中心更适用，并且充满了人文主义的色彩。入口大厅通向上层营业厅的自动扶梯呈斜向布置。这种方向的调整是顺从了风水师的教化，反而使室内更有变化。

图6–46 香港汇丰银行内景

高技派的建筑装饰特征可以简单概括如下：①内部外翻。无论是内立面还是外立面，不把应当隐避的服务设施、设备和结构、构造显露出来，强调工业技术特征。②表现过程和程序。高技派用清晰的方式表现出各种构造节点．而且还表现机械的运行，如将电梯、自动扶梯的传送装置做透明处理，让人们看到建筑设备的机械运行状况和传送装置的程序。③强调透明和半透明的空间效果。高技派的室内设计喜欢采用透明的玻璃、半透明的金属网、格子来分割空间，形成室内层层相叠的空间效果。④高技派不断探索各种新型高质材料和空间结构，着意表现建筑结构的特征和构件的轻巧。常常使用高强度钢材和硬铝、塑料、各种化学制品制作建筑构件，建成体量轻、用材量少、能够快速与灵活地装配、拆卸与改建的建筑结构和室内装修。⑤室内的局部或管道常常涂上鲜艳的色彩以丰富装饰效果。⑥高技派的设计方法强调系统设计和参数设计。

事实上，高技派是用技术的形象来表现技术，它的许多结构和构造并不一定很科学，往往由于过分地表现技术形象而使人感到矫揉造作。

然而。高技派是随着科技的不断发展而发展的，强调运用新技术手段创造新的工业化的建筑装饰风格，创造出富于时代情感和个性的美学效果。从这一点来讲，高技派是具有生命力的，它还会有新的发展。

6.6.3.3 解构主义风格

20世纪70年代到80年代，许多科学家开始转向混沌学的研究，越来越多的人认为混沌学是"相对论和量子力学问世以来，对人类整个知识体系的又一次巨大冲击。"混沌学表明："我们的世界是一个有序与无序伴生、确定性和随机性统一、简单与复杂一致的世界。因此，以往那种单纯追求有序、精确、简单的观点是不全面的。牛顿给我们描述的世界是一个简单的、机械的、量的世界，而我们真正面临的却是一个复杂纷纭的、质的世界。"

在科学家把混沌作为科学研究对象之前，艺术家已经先期感受到宇宙之混沌并将它们表现在自己的艺术创作中。在20世纪建筑家中，应该说西班牙的高迪是在建筑作品中显现混沌之感的先行者。勒·柯布西耶创作的朗香教堂是20世纪中期体现混沌的一个最重要的建筑作品。

再往后，越来越多的人转变了审美观念，他们认同并欣赏混沌——乱的形象。建筑师渐渐感到简单、明确、纯净的建筑形象失去了原先有过的吸引力。公众中许多人也爱上了不规则、不完整、不明确、带有某种程度的纷乱无序的建筑形体。艺术消费引导艺术生产，许多建筑师开始朝着这个方向探索、试验。在这个微妙的不易觉察的社会思想意识的演变中，一种新的建筑风格——解构主义风格慢慢地、怯生生地露出来，然后慢慢地传开。

解构主义从根本上讲，它仍然可以看作是现代主义设计风格的一种延续，但是对现代主义批判的继承。解构主义仍然运用现代主义的构成元素即现代主义的词汇，而对现代主义的构成法则加以否定。现代主义设计的构成元素是抽象的、史无前例的，但现代主义的元素构成法则依然是传统的。解构主义就是从构成逻辑上否定历史上的基本设计原则（如力学原则、美学原则、功能原则等）试图探索新的构成法则。解构主义使用分解的观念，强调打碎、叠加、重构各种既有的现代主义词汇之间的关系，并使之产生出新的意义。

1987年建成的德国斯图加特大学太阳能研究所（图6-47）是解构主义有代表性的名作。如果我们把那些比较公认的解构主义建筑作品集合在一起考察，从室内到室外可以看到它们有一些共同的形象或形式的特征，归纳如下：①散乱。解构主义建筑在总体上一般都做得支离破碎、疏松零散，边缘上犬牙交错，变化万端。在形状、色彩、比例、尺度、方向的处理上极度自由，用杂乱无章的方式构成了一个复杂的整体，超脱以往一切的设计组织方式和秩序。②残缺。力避完整，不求齐全，有的地方故作残损状，不了了之状，令人愕然，又耐人寻味，处理得好，令人有缺陷美之感。③突变。解构主义建筑中的各种元素和各个部分的连接常常很突然，没有预示，没有过渡，生硬、牵强、风马牛不相及，好像是偶然碰巧地撞到一块来了。④动势。大量采用倾倒、扭转、弯曲、波浪形等富有动态的形体；造出失稳、失重，好像即将滑动、滚动、错移、翻倾、坠落以致似乎要坍塌的不安架势。有的也能令人产生轻盈、活泼、灵巧以至潇洒、飞升的印象，同古典建筑稳重、端庄、肃立的态势完全相反。⑤奇绝。解构主义的建筑无论室内设计还是外部造型，其形象不仅不重复别人做过的样式，还极力超越常理、常规、常法以至于常情。大有"形不惊人死不休"之感，令人惊奇叫绝，叹为观止。在解构主义设计师那里，反常才是正常。

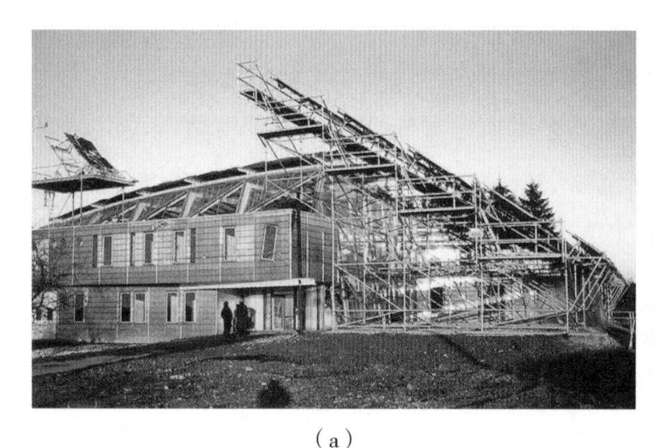

（a）

（b）

图6-47 德国斯图加特大学太阳能研究所
（a）太阳能研究所外观设计 （b）太阳能研究所内景

从以上可以看出，解构主义的设计无中心、无重点、无约束、毫无教条，如果说还确有什么规则的话，这条规则就是“反对一切既有的规则”。但解构主义建筑还是以传统的建筑元素为分解、重构的对象，没能挣脱建筑的范畴。这个弱点逐渐被一切更为激进的设计师发现，他们干脆放弃了正统的建筑元素，对非建筑的物（如自然的生命体、高科技元件）进行分解重构用于设计中。例如，维也纳设计师多美尼格于1979—1982年设计的维也纳某银行室内时，把金属软管做的各种管道交织成一张像血管似的网，铺天盖地地蔓延在室内（图6-48）。而欧洲解构主义先锋哈迪德设计的日本某餐厅则以“冰”与“火”为母题。而另一位美国的解构主义者盖里则直接把鱼变成建筑，变成灯具（图6-49）。这种新的表现主义不同于20世纪60、70年代的被文丘里称为鸭子式的建筑（如把卖热狗的商亭设计成热狗形状），它不只是直截了当地表现象征意义，而是表现更为复杂的内心矛盾、心理寄托与无奈、偶像与失落等无以言状的感受，像后现代主义设计一样，具有双重或多重的隐喻。

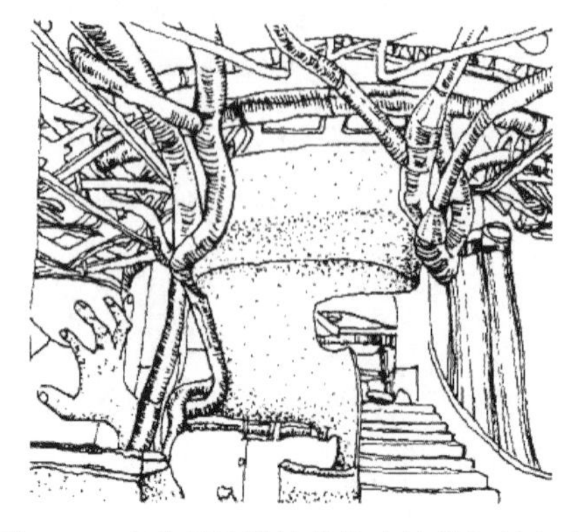

图6-48 多美尼格设计的维也纳某银行室内

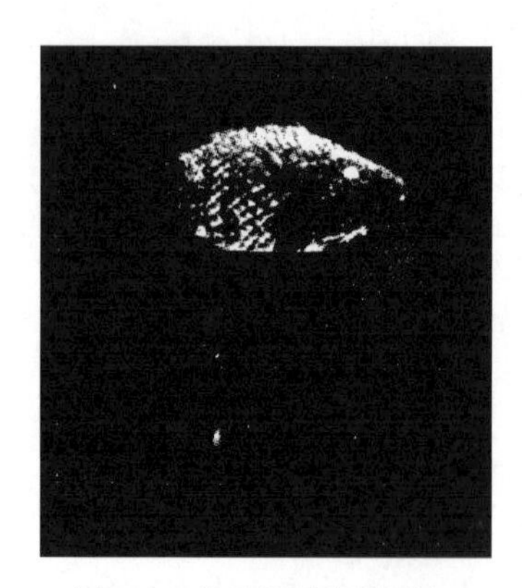

图6-49 盖里设计的鱼形灯

6.6.3.4　建筑装饰面临的多样选择

建筑装饰活动作为人类生产活动和文化活动的重要部分，它的发展变化必然与整个社会的发展相一致，与科学技术的进步相和谐，与人类对世界认识的深化相同步。当今社会，科学技术日新月异，商贸手段先进便捷，社会政治民主宽松，人类在社会生产活动和文化活动中获得了空前的解放。随着社会经济的发展，人民消费水平的提高，人类所创造的建筑也同样获得了前所未有的解放。建筑装饰由统治者、富有者的特权和财富的象征变成了普通大众消费的商品。因此，建筑装饰作为商品也必然要满足消费者的要求，与消费者的文化修养、审美意识、价值观念、经济条件相协调。在多元主义时代，设计师与消费者一样，都面临着复杂多样的选择，在众多的社会价值标准和审美标准中，寻找实现自我价值的道路。

纵观历史，把握现在，放眼未来，设计师与消费者所面临的选择可总结如下：历史主义倾向与未来主义倾向；理性主义倾向与浪漫主义倾向；功能主义倾向与唯美主义倾向；几何的规整性与仿生的不规则性；对称性与非对称性；动态、活泼与静止、稳重；简单与繁重；平淡与有趣；精雕细刻与简约粗犷；多彩与单色；激情与平静；整体、连续、综合与片断、分解、不连贯。

这些多重的选择，将会使多元时代的建筑装饰的发展变化万千，永无止境，建筑装饰将永葆青春和魅力。

本章小结

本章通过对历史的回顾，不仅展现了近现代的建筑装饰艺术，同时也反映了近现代的社会风貌。因此我们可以由这些尚存世间的建筑文明，探索到当时人类的生活与精神，也就是借过去来确定现在，于时代或地域的坐标中，对自身有再次的认识。并希望通过对历史的回顾与思考，给我们当今和未来的建筑装饰事业以更多的帮助和启示。

复习思考题

1．欧洲真正在设计创新运动中有较大影响的是哪些流派？

2．在整个19世纪建筑装饰艺术流派中，对近代建筑装饰尤其是室内设计最具影响的，是发生于19世纪中叶的什么运动？

3. 工艺美术运动是怎样产生的？代表人物有哪些？

4. “要把艺术家变成手工艺者，把手工艺者变成艺术家”的口号是谁提出的？

5. 试述工艺美术运动的特点。

6. 红蓝椅的问世表明了审美和空间物体可以由直线材料构成，也可以由机器生产，它是什么流派艺术家理论的完美体现？

7. 德国的格罗皮乌斯（Walter Gropius）、密斯·凡·德·罗（Mies Var Den Rohe）和法国的勒·柯布西耶（1. e Corbusier）被誉为是什么流派建筑的三位旗手和设计大师？

8. 1923年，哪位建筑设计师的《走向新建筑》一书在巴黎出版，为新建筑运动提供了一系列理论依据？

9. 在20世纪建筑家中，应该说西班牙的高迪是在建筑作品中显现混沌之感的先行者，勒·柯布西耶创作的什么建筑是20世纪中期体现混沌的一个最重要的建筑作品？

10. 密斯在设计建筑时，往往与家具设计一起进行，以保证建筑与室内在风格和气氛上的统一。因而他的家具与他的建筑一样，个人风格强烈。密斯的家具设计代表作品有为巴塞罗那国际展览会德国馆正厅设计的什么家具？以及为土根哈特住宅设计的什么家具？其中的什么家具被认为具有划时代的意义？

参考文献

[1] 梁思成. 中国建筑史 [M]. 北京：生活·读书·新知三联书店，2011.

[2] 邓庆坦，赵鹏飞，张涛. 图解西方近现代建筑史 [M]. 武汉：华中科技大学出版社，2012.

[3] 潘谷西. 中国建筑史(第七版) [M]. 北京：中国建筑工业出版社，2015.

[4] 罗小未. 外国近现代建筑史（第二版）[M]. 北京：中国建筑工业出版社，2004.

[5] 陈志华. 外国建筑史（19世纪末叶以前）（第四版）[M]. 北京：中国建筑工业出版社，2010.

[6] 刘淑婷. 中外建筑史 [M]. 北京：中国建筑工业出版社，2010.